[意]贝特拉·保利 著　[意]马可·桑德莱斯基 绘
许盈盈 译

人民文学出版社 天天出版社

著作权合同登记：图字 01-2022-5406 号

图书在版编目（CIP）数据

如果没有金属：穿越时空的化学之旅 / (意) 贝特拉·保利著；(意) 马可·桑德莱斯基绘；许盈盈译. 北京：天天出版社, 2024. 9. -- ISBN 978-7-5016-2347-1

Ⅰ. TG14-49

中国国家版本馆CIP数据核字第2024SF0980号

责任编辑: 冀　晨　　**美术编辑:** 曲　蒙
责任印制: 康远超　张　璞

出版发行: 天天出版社有限责任公司
地址: 北京市东城区东中街 42 号　　**邮编:** 100027
市场部: 010-64169002　　**传真:** 010-64169902

印刷: 北京博海升彩色印刷有限公司　　**经销:** 全国新华书店等
开本: 710 × 1000　1/16　　**印张:** 5.25
版次: 2024 年 9 月北京第 1 版　　**印次:** 2024 年 9 月第 1 次印刷
字数: 53 千字

书号: 978-7-5016-2347-1　　**定价:** 56.00 元

目 录

5
导 言

12
铜

20
青 铜

28
铁

38
金

44
银

48
钨

52
铝

54
钢

59
钽

62
钴

64
锂

66
稀 土

72
矿 石

74
危险的工作

77
词汇表

一颗巨型火球带着震耳欲聋的轰鸣声从天而降，灰尘和碎屑混合成一团烟雾，空气混浊了起来。听到轰鸣声、看到火球坠落的人类，克服了内心的恐惧，缓缓靠近，见到了一颗巨大的铁陨石。当时的人类肯定不知道这种名为“铁”的物质，连同其他金属一起，都贮藏在地球的地下岩层中，也不知道地核就是由铁和镍等物质共同构成的。自此之后，人类花了相当长的一段时间才掌握了从矿石中提取金属的知识和技术。这些金属或珍贵或普通，或神奇或实用，有些被当作圣物，有些则常出现在人们的日常生活中。

过去的岁月中，人类的生活里离不开金属的身影；未来的时光中，它们也必将继续扮演不可或缺的角色。

赫菲斯托斯的洞穴

赫菲斯托斯是古希腊神话中的火神和锻造之神，是宙斯和赫拉的儿子。他因触怒赫拉，被扔下奥林匹斯山，最后坠入大海。海洋女神忒提斯和欧律诺墨把他从海里救了起来，悉心照顾，还为他准备了一个可以容身的洞穴。赫菲斯托斯在洞穴里学会了锻造的本领，最终把洞穴变成了一间锻造厂。

凭借着高超的锻造技艺，赫菲斯托斯在洞穴中制作出了许多精美绝伦的饰品和具有魔力的物品。他的生母赫拉得知此事后，希望能将他重新归入奥林匹斯山众神之列，但赫菲斯托斯对赫拉心怀怨恨，于是专门为她打造了一张精美的黄金宝座——赫拉一坐上这张宝座就被囚禁了起来，众神谁都无法将她从宝座上拯救出来，只能请求赫菲斯托斯放了在宝座上歇斯底里喊叫求救的赫拉。最后，赫拉许诺将美神阿芙洛狄忒许配给赫菲斯托斯做妻子，赫菲斯托斯这才把她从宝座上释放了出来。

后来，赫菲斯托斯住进了埃特纳火山的深处，在那里，他与助手独眼巨人和自己制造的“机器人”一起没日没夜地工作着。

赫菲斯托斯技艺精湛，能为英勇的战士锻造战无不胜的武器，能为美丽的女神制作精巧别致的首饰，还能为古希腊众神建造金碧辉煌的宫殿。他为厄洛斯锻造了爱恨之箭，为赫尔墨斯制造了带有翅膀的头盔和鞋子，为阿波罗锻造了弓和金箭，为赫利俄斯制造了战车，为埃涅阿斯锻造了胸甲和头盔，还为阿喀琉斯锻造了盔甲。凭借坚实有力的臂膀和出色的手工技艺，赫菲斯托斯成了全希腊工匠共同崇拜的神。

金属的发现

石器时代的人们就已经认识了金属，新石器时代的人们甚至会在河流沿岸等地捡拾闪闪发光的铜块和金块，用它们来制作一些简单的饰品。不过，当时的人们并不知道如何深度加工金属，也不知道那些看似普通的岩石里其实也蕴藏着金属。

几千年后，人们发现，有一些石头遇火受热后会变成液体，这种液体冷却后又会变得坚硬起来——这便是冶金术的起源。这一偶然的发现影响深远，石器时代后的历史时期直接被命名为“金属器时代”（约公元前 4 000 年至公元前 1000 年，具体时间界线因不同文明的发展情况而有所不同）。根据每个时期人们所发现的金属和金属制品的不同，金属器时代又被进一步划分为铜器时代、青铜器时代和铁器时代。

金属元素是自然界中数量最多的化学元素，共有超过 80 种。绝大多数金属在常温下都是固体，它们还具有许多其他共同特性：具有光泽，能够反射光线；具有韧性和延展性，也就是说，我们可以通过加工来改变它们的形状，把它们加工成薄片或细丝；都是良导体，可以导热、导电。虽然金属具有这么多共同点，但每种金属都是独一无二的元素，拥有自己的符号和原子序数。原子序数代表的是每个原子核内质子的数量，这个数字决定了每种元素在元素周期表中的位置。元素周期表集合了构成世界的所有元素，周期表里除了金属元素之外，还有非金属元素和半金属元素。

金属的发现标志着全新历史时期的到来，引领了人类历史上重要的经济、技术、社会和艺术变革。

冶金术

冶金术是人类发明的金属加工技术，具有非常悠久的历史，它推动了人类文明的进步和发展，对人类社会的影响延续至今。人们最早使用的是可以直接在自然界中找到的金属，也就是那些没有藏于矿石之中的金属，比如金、铜、陨铁和银。当时的人们会通过生火加热来软化这些金属，将它们塑造成所需的形状，制成工具、武器、首饰和小装饰品。此时，人们只掌握了最基础的金属

加工技术，但这已经足以推动人类文明向前迈进一大步。

渐渐地，人们对金属有了更加深入的了解，不断改进金属加工技术，开始使用更强的火力和更先进的工具从含有金属的矿石中提取金属。每一个新发现和每一点小进步都为人类开启了一个崭新的世界，人们通过不断的观察和试验、不断的犯错和尝试，不断地进行着创造和革新。

随着时间的推移，人们发现了更多可以从中提取金属的矿石。通过一次偶然的机会，人们甚至了解到可以用不同的金属合成一种性能更加优异的全新物质，从而发现了制造合金的方法，这是人类进化史上的一个极其重要的里程碑。

金属的发现和合金的发明是金属器时代的重要标志，人类就此实现了进化史上的巨大飞跃。在随后的人类历史进程中，一些金属甚至成为当之无愧的主角。

门捷列夫和元素周期表

元素周期表是一张大表格，里面包含了我们所知的所有金属元素和构成世界的其他元素。人们是怎么将这些元素有序排列起来的呢？纵观历史，人类总是带着巨大的好奇心，试图去了解自己周围的自然环境，其中，一大批化学家致力于研究元素和物质的构成，他们将物质分得越来越小，以此寻求问题的答案。随着实验方法的逐步改进，化学家们意识到物质不可能被无限地细分下去，将它们细分到某个程度时，就会得到纯元素——这在当时是一个令人震惊的发现。许多化学家都曾试图对人类已知的元素进行编目，但第一个在这方面获得成功的是俄国化学家德米特里·伊万诺维奇·门捷列夫。门捷列夫收集了当时所有可查证的科学数据，在此基础上展开了自己的研究，最终于 1869 年编制出了元素周期表，将当时已知的 63 种

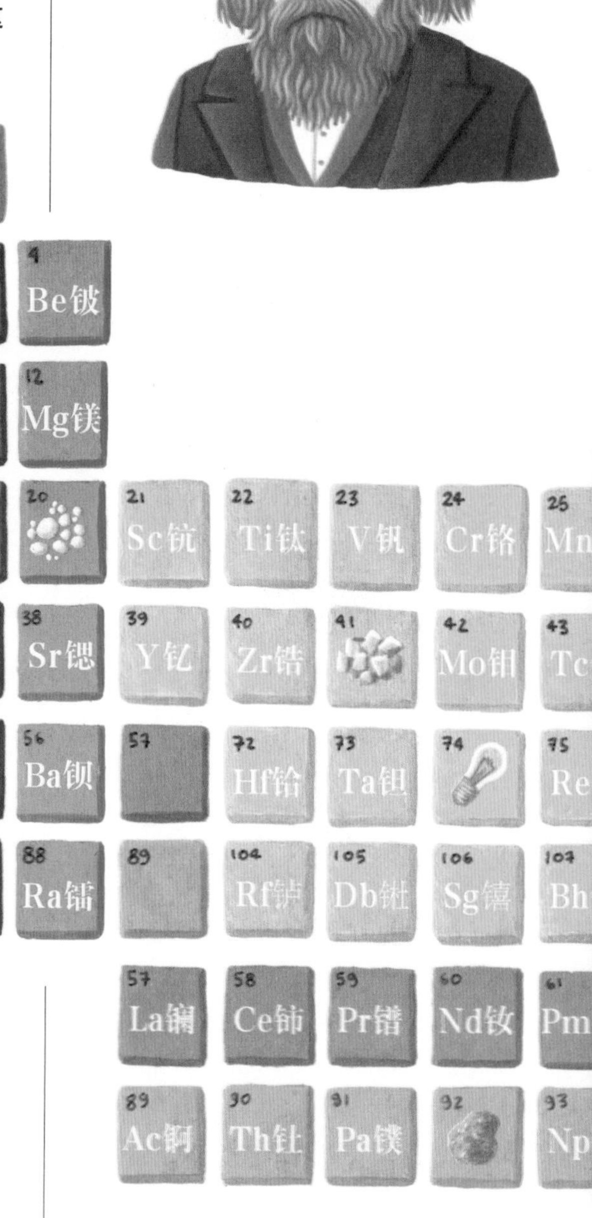

元素按照精确的顺序排列了出来。门捷列夫在周期表中留下了一些空白，这些空白并不是遗漏，而是一种预测，他相信将来一定会有人发现这些缺失的元素，并按照他预测出来的顺序将它们填在周期表中相应的位置上。事实证明，门捷列夫的预测没有错。一百多年过去了，新的科学发现不断涌现，元素周期表几经修订[1]，至今仍然是化学研究中极为重要的基础资料。

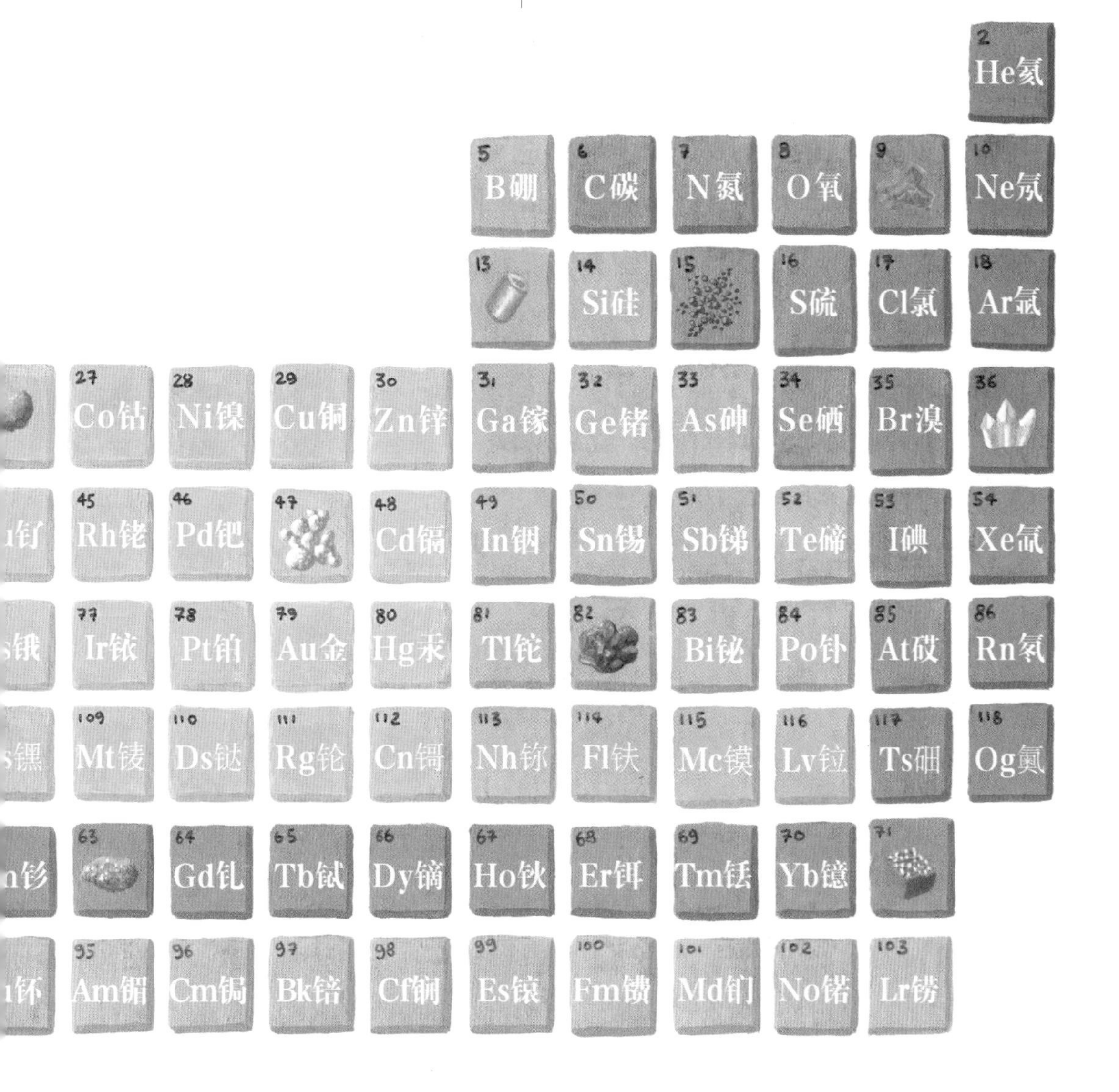

1．门捷列夫的杰出贡献是发现了化学元素周期律，今称“门捷列夫周期率”。——编者注

铜

铜是一种橙红色金属，在自然界中以铜矿石或纯铜块的形式存在。早在公元前 10000 年，人类就已经发现了铜。毫无疑问，铜是人类最早用来制造器具的金属。铜的导热性和导电性很好，它还具有极强的延展性和可塑性，人们可以很轻松地对它进行加工，将它塑造成各种不同的形状。

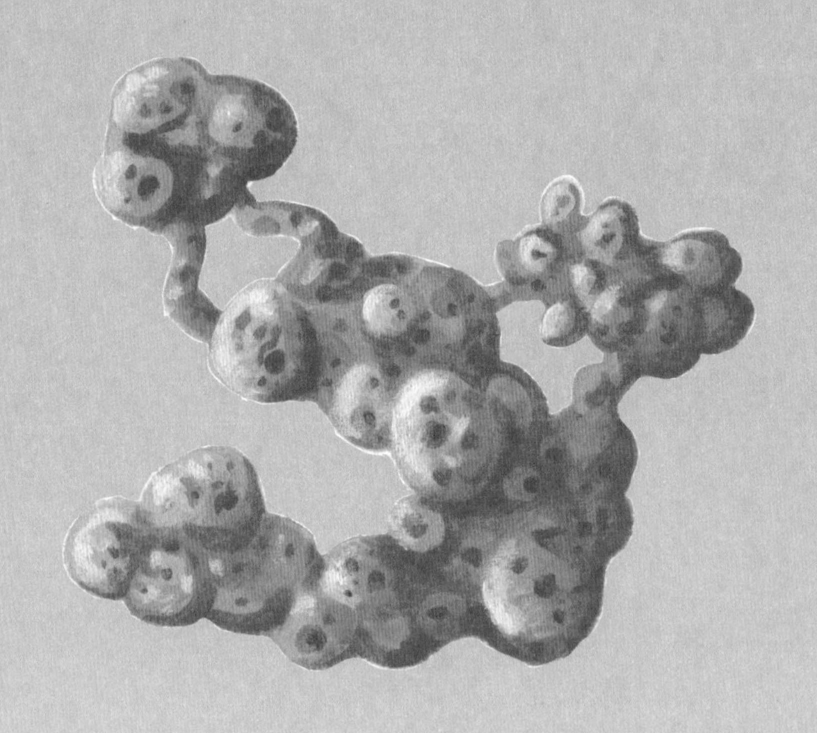

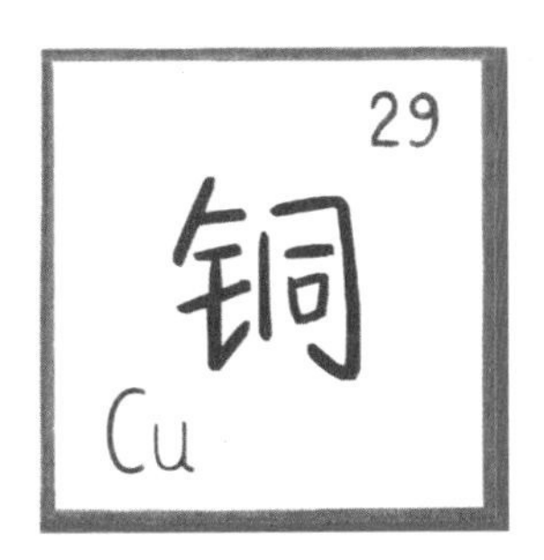

“Cu”是铜的元素符号，取自其拉丁语名称“Cuprum”。古时候的人们曾在塞浦路斯岛上大量开采铜矿，因此便用塞浦路斯的名称来为这种金属命名。在西方的神话传说中，塞浦路斯是美神阿芙洛狄忒的诞生地，人们也就自然而然地把这种金属与她联系在一起，为铜赋予了美好的寓意，将它称为“红色的金子”，用与阿芙洛狄忒相同的炼金术符号“♀”来指代它。

在元素周期表中，铜的编号为29。这个编号指的是原子序数，也就是说，人们在铜原子的原子核内发现了29个质子，另有29个电子环绕在原子核的周围。

铜的导热性和导电性很好，这就是为什么我们会用铜丝制成电线来连接房屋里的开关、插座和各种照明设备。虽然难以亲眼看到，但我们可以想象出来，在每一座建筑物的墙壁内都有无数条铜制“道路”交错纵横，它们每

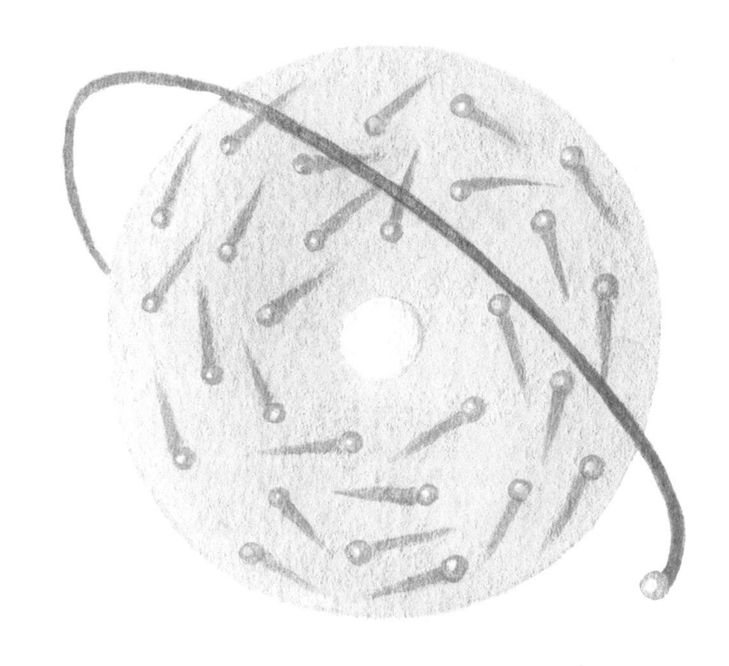

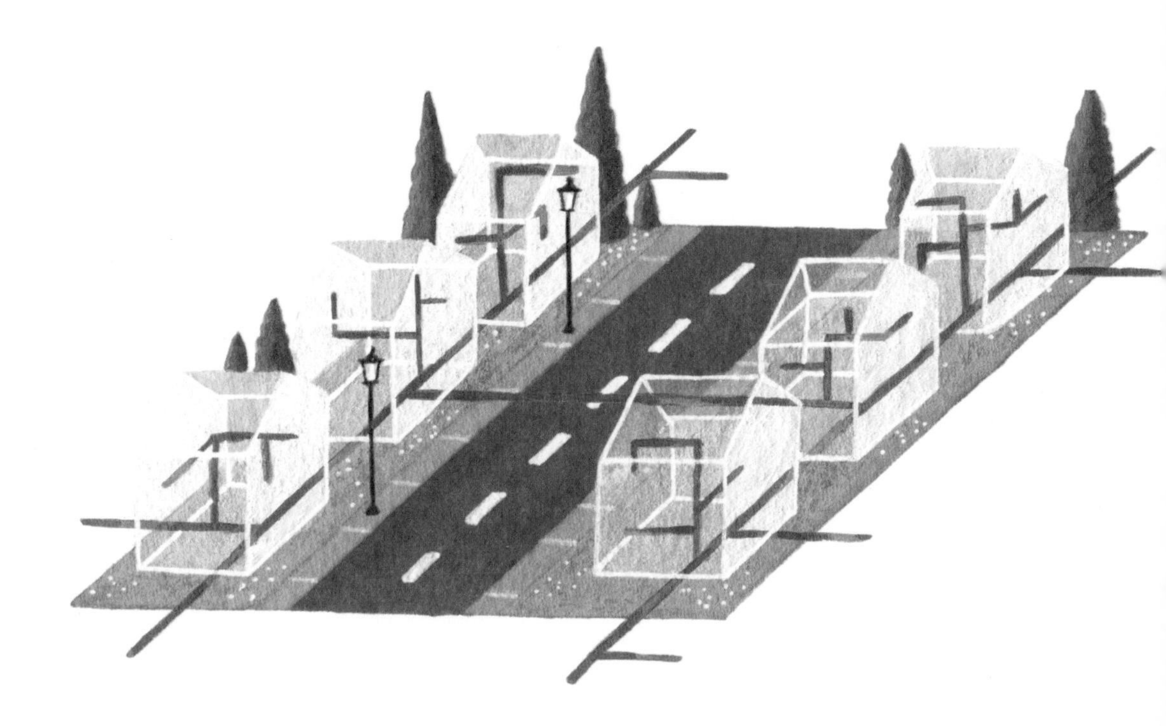

时每刻都在传导着电流。

人们也经常会用铜来制作装饰品，例如手镯或其他首饰，因为铜不仅具有美丽的色彩与光泽，还可以抑制细菌繁殖。人体内有少量的铜，用以维持机体的正常运转，幸运的是，我们吃的许多食物中都含有铜，比如，巧克力中就含有丰富的铜。

铜的氧化和自由女神像

铜与空气接触后颜色会发生变化，其表面会先从红色变成深绿色，然后慢慢变成蓝绿色，这个过程被称为铜的氧化。覆盖在表层的“氧化膜”可以防止铜被进一步腐蚀。自由女神像为我们完美展现了铜的氧化现象，这座雕像是法国在美国建国 100 周年之际赠送给美国的礼物，它也成了两国友谊的象征。

这座整体高达 93 米的宏伟雕像由法国人弗雷德里克 · 奥古斯特 · 巴托尔迪设计，雕像的钢铁骨架由埃菲尔铁塔的设计者古斯塔夫 · 埃菲尔建造，表面覆盖着 300 个用铆钉固定在骨架上的浮雕铜片。整座雕像重达 156 吨，需要 214 个集装箱才能把所有的零部件用船只运送到美国。零部件运抵纽约后，人们又花了一年半的时间才完成自由女神像的组装工作。1886 年，在落成典礼当天，自由女神像呈现出美丽的红色，但在接下来的 20 年里，它慢慢失去了原来的颜色，变成了现在大家所见到的蓝绿色。

所罗门王矿山的发现

传说公元前 10 世纪左右，在以色列最后一位国王所罗门王的统领下，当地的人们发掘了铜矿，就此开创了一个辉煌的时代，所罗门王也因此被人们铭记。为了论证古书中所记载的故事的真实性，考古学家进行了深入的研究。1930 年前后，一支由美国考古学家纳尔逊 · 格鲁克率领的探险队前往古书中所描述的相关地点进行调查研究。经过多番努力，所罗门王时代开掘的铜矿得以重见天日。进一步的研究证实，在所罗门王和父亲大卫王统治时期，王国拥有大量的铜矿，发展出了精湛的冶金技术，当地的人们甚至会将开采出来的金属销售至很远的地方。采矿业的发展为当时的人们带来了惊人的财富。

智利的铜矿

铜的导电性极佳，几乎所有通电的地方都会用到铜丝。为什么说铜是一种良导体呢？因为它能够轻松地将

电流从一个点传输到另一个点。如果没有铜，那么住宅、学校、博物馆、医院、工厂、火车、地铁都将处在一片黑暗之中，许多机器都将停止运转，我们日常生活中所使用的家电也将无法工作。此外，铜还可以用来制造屋面排水设施。世界各国对铜的需求量非常之大。

智利是目前世界上最大的铜生产国，铜矿为智利人民创造了巨大的财富，也使智利得以快速发展。如今，世界上最大的露天铜矿是位于智利安托法加斯塔省的丘基卡马塔铜矿。这处铜矿长4500米，宽2500米，深1000米，在通往矿坑的路上，每天都会有数十辆满载铜矿的大型运输车来来往往。

在100多年的时间里，无数人在这里从事铜矿开采工作，不过，如今，科学家们正投身于一项不可思议的研究，他们分离出了一种细菌，打算用它来代替矿工工作。这些微生物为什么能够胜任矿井中的工作呢？这是因为铜矿石中常混有铁和硫，而这种细菌正是依赖铁和硫两种元素生长繁殖的，可以在吸收铁和硫的过程中将铜作为杂质释放出来，方便人们进行后续加工。

盗铜

铜是一种非常特殊的金属，它可以无限循环使用，也就是说，即使数次将铜熔化，制成其他形状，它的导热性和导电性也不会受到影响。铜的这种特性，以及庞大的市场需求和昂贵的价格，使它成了犯罪团伙感兴趣的目标。数十年来，世界各地的盗铜案件数量不断攀升，居民区、学校和企业里多次发生盗铜案件，用于制造排水沟、电线、水管、煤气管道、电气化铁路的铜成吨被盗。这种盗窃行为给个人和企业造成了巨大的损失，

也给人们的日常生活带来了许多不便。例如，铁路上的铜失窃势必会导致铁路线路发生故障，铁路运输因维修而中断便会造成列车延误。

各国警方已经采取多种措施来打击这种犯罪行为。在德国，为了能够当场抓住偷盗者，警察们甚至藏身于花草树木之后，蹲守在铁轨附近。这些偷盗者有的是个体作案，有的是团伙作案，但无论采取哪种作案形式，他们在盗取金属之后都会将它们卖给废品收购站，废品收购站会联系铸造厂将铜熔化，制成铜锭，然后转售给那些金属消耗量极大的国家。

青铜

将铜与另一种金属锡一起熔化之后便可以得到青铜。青铜呈现出或深或浅的黄色，延展性强，同时十分坚固。这种由人类创造出来的合金不仅保留了铜的许多特性，还拥有更高的强度。作为人类发明的第一种合金，青铜的用途相当广泛，可以用来制造工具、武器、盾牌、盔甲、器皿和装饰物等。青铜比铜更坚硬耐用，比石头更锋利，因此在出现之后便取代了人们之前所使用的一些材料。

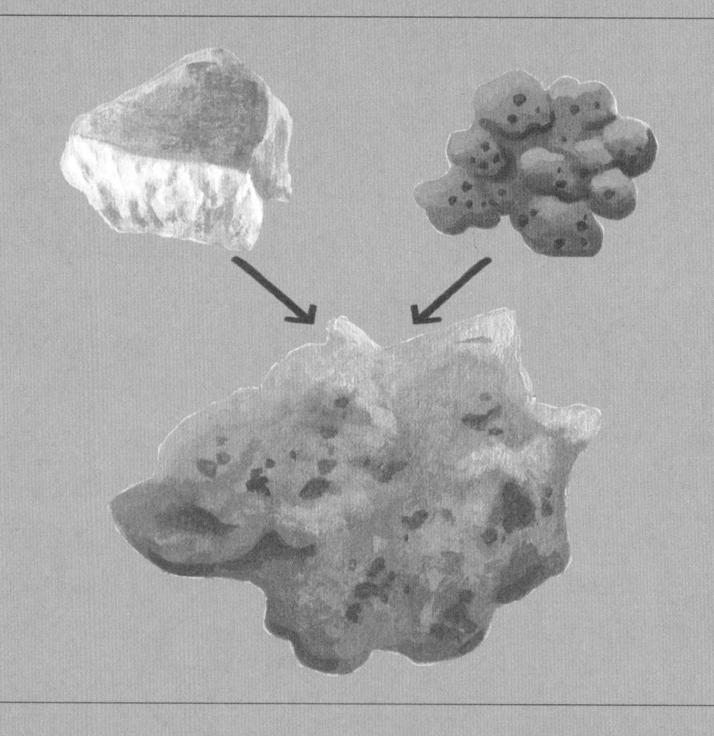

青铜的发明具有非常重要的历史意义，人类大规模使用青铜器的时代被称为青铜器时代或青铜时代。通常来说，青铜时代可以追溯到公元前 2000 年至公元前 1000 年，尽管人们对欧洲、亚洲、非洲多地进行了探索与研究，但仍然无法精确到具体年代。据文献记载，4000—4500 年前，中国人就已开始冶铸青铜器。

南美洲的文明中并没有发现青铜的存在，但在被西班牙殖民统治之前，该地区已掌握并发展了金和铜的冶金术，他们所生产的物品都非常精致，且大部分都与艺术、装饰和工艺相关，而不是应用于武器的制造。因

此，当面对西班牙殖民者的铁制武器和火药时，居住在如今墨西哥地区的阿兹特克人只能使用那些用木头和黑曜石制成的武器来与之相抗衡。黑曜石是一种可以被打磨得非常锋利的石头，但在对抗入侵者的武器和战术时却毫无招架之力。

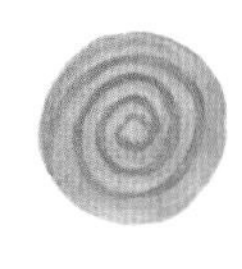

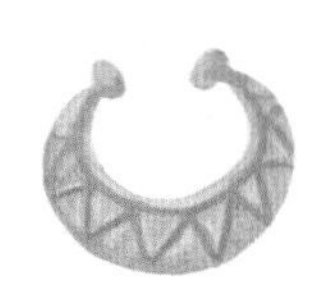

尽管该地区的科学文化非常先进，但他们在技术领域的发展却一直停留在新石器时代。这种巨大的差异，使他们付出了无法估量的损失，灿烂辉煌的阿兹特克文明也被殖民者所毁灭。

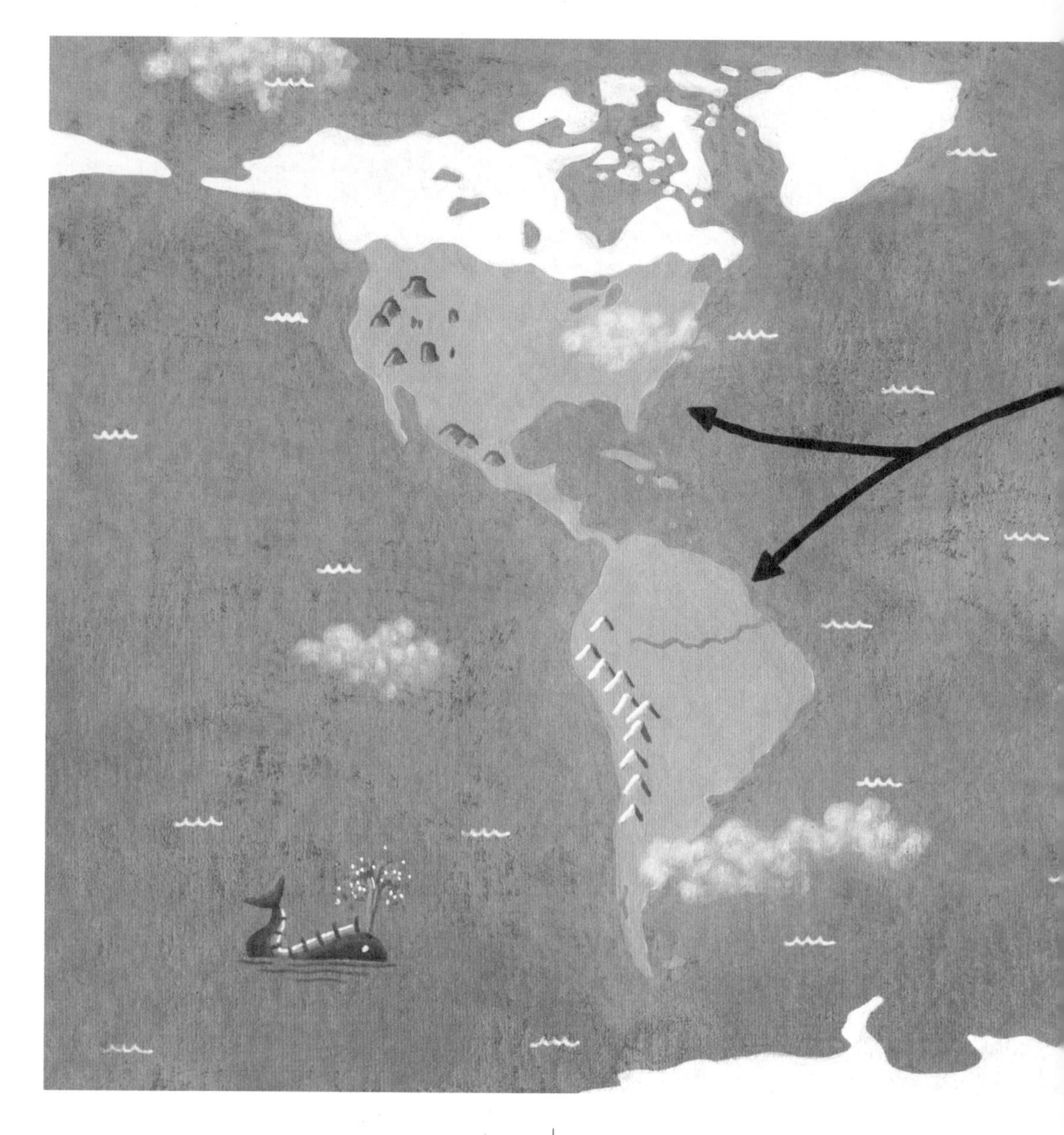

青铜艺术

无论在东方还是西方，人们都将青铜雕塑视为一种精美绝伦的艺术品。自公元前 2000 年起，人们开始大规模制作青铜雕塑。与传统的石质雕塑相比，青铜雕塑更加轻盈、坚固、耐腐蚀，具有更强的稳定性。

中国早在商朝末期，青铜器冶铸业就已发展到高峰，当时，中国的冶铜技术十分发达，人们会使用青铜来制造战车的车轮和祭祀仪式上使用的礼器。

随着人类的迁徙，冶炼青铜的技

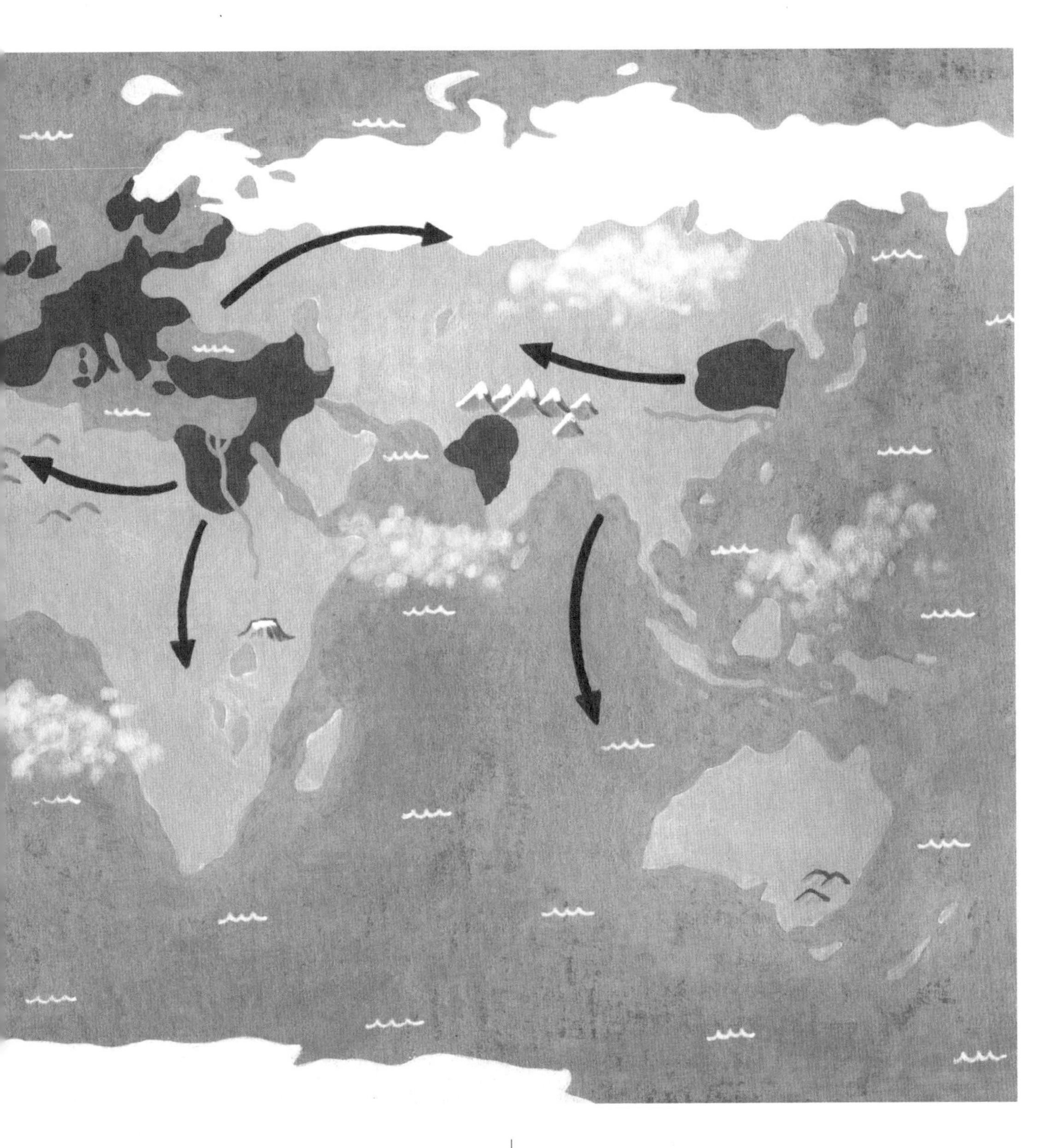

术传到了日本，与印度相同，这里的人们除了使用青铜制造常用的物品和武器外，还将其广泛应用到佛像制作上。青铜的使用是艺术发展史上的一大里程碑，有了青铜，雕塑家们得以尽情地施展自己的创造力。他们会采用“脱蜡法”，把熔化的金属倒入特殊的模具来制作中空的大型雕塑，青铜会轻微膨胀，所以在倒入后便能够填满模具的每个角落。古希腊和古罗马人用青铜制作了数以千计的雕塑，将它们献给神灵、勇士和英雄，其中的一些作品至今仍令人叹为观止。

青铜雕像

1972年8月16日，一名爱奥尼亚海的潜水者在距意大利南部卡拉布里亚大区的里亚切海岸约200米处，水下八米深的地方，发现海底的沙子中伸出了一只雕像的手臂。事实上，这个地方掩埋着两座雕像，人们用了几天的时间将它们运回岸上，展开了修复工作。这两座人物雕像作品保存完好，创作时间可以追溯到公元前5世纪。雕像高近两米，一座描绘的是古希腊时期的重武装步兵，另一座刻画的是一位尚武的国王；雕像手臂的位置表明，他们最初都是拿着武器和盾牌的。两座雕像皆以青铜制成，雕塑家在士兵的牙齿等细节之处使用了银，在嘴唇、睫毛和胸部使用了铜。时至今日，我们依然无法获知它们是如何从希腊漂洋过海来到意大利的，不清楚是运载它们的船只沉没了，还是船上的船员遇到了困难，需要减轻船上的重量，才把它们抛进了大海，但可以肯定的是，在里亚切发现的这两座青铜雕像可谓古希腊多立克艺术的代表作品。如今，我们可以在雷焦卡拉布里亚考古博物馆中见到这两件艺术珍品。

在发现里亚切青铜雕像的50年后，人们在意大利锡耶纳省圣卡夏诺－

代巴尼市发现了另一处宝藏——24 座青铜雕像和数千枚硬币。在 2300 年的历史长河中，温泉水和泥浆一直守护着这些珍宝。雕像中有五座高近一米，刻画了神灵、皇帝、贵妇和儿童的形象。公元前 2 世纪到公元 1 世纪期间，当地工匠制作了这些雕像，而今天，当它们出现在我们面前时，依旧完好无损。世界各地学者的实地研究结果表明，这里的温泉是一处从公元前 3 世纪就开始使用的浴场，人们聚集在此感受水的疗愈力量，与大自然完美地融为一体。浴场最初由伊特鲁里亚人建造，后来被罗马人接管，公元 5 世纪时，浴场关闭，但所幸没有被毁。出于保护的目的，人们用沉重的石柱将浴池封闭了起来，这些雕像便从此深藏于水下。

休息中的拳击手

另一个惊人的发现是 1885 年在罗马出土的一座公元前 4 世纪的古希腊雕像，刻画的是一位休息中的拳击手。令人感到诧异的是，这座雕像被埋藏于君士坦丁大浴场附近的一座古建筑的地基中，位于地下六米深的地方，当时的人们将它放置在石柱上，还在它的周围填满了经过精心筛选的细沙。据考古学家们推测，人们将这座雕像埋起来是为了保护它，让它可以留存百世，它没有被随意丢弃，而是被有意地保护起来，以免遭到入侵者的破坏。负责雕像出土工作的考古学家鲁道夫·兰恰尼说：“我从未见过如此令人叹为观止的景象：这是一个硕大魁梧的半野蛮运动员的形象，他像是在经历过英勇的搏斗之后从一场漫长的沉睡中苏醒过来，慢慢地从地下出现。”

这座拳击手雕像向人们展示了一个成熟男人的形象。他双手交叉，手上仍戴着拳击中使用的保护手套。他的脸上和身体上带有多次肉搏后留下的伤痕，有些伤口还流着血，雕塑家在这些地方镶上了小块的铜，让伤口看起来更加逼真。从拳击手的眼神和身体姿势中，我们可以看出他已经十分疲倦，他本来正专注地看向一边，但仿佛被突如其来的呼唤声打断了思绪。

铁

铁的元素符号是 Fe，原子序数是 26，它是一种带有光泽的银灰色金属，可塑性和延展性较强，在地球上的储量极为丰富。在自然界中，铁很少以单质的形式存在，大多数情况下，它会与其他元素一起存在于化合物中，需要人们将它从中提取出来。在人类社会进入铁器时代后，铁便取代了青铜的地位，广泛用于武器和工具的制造。

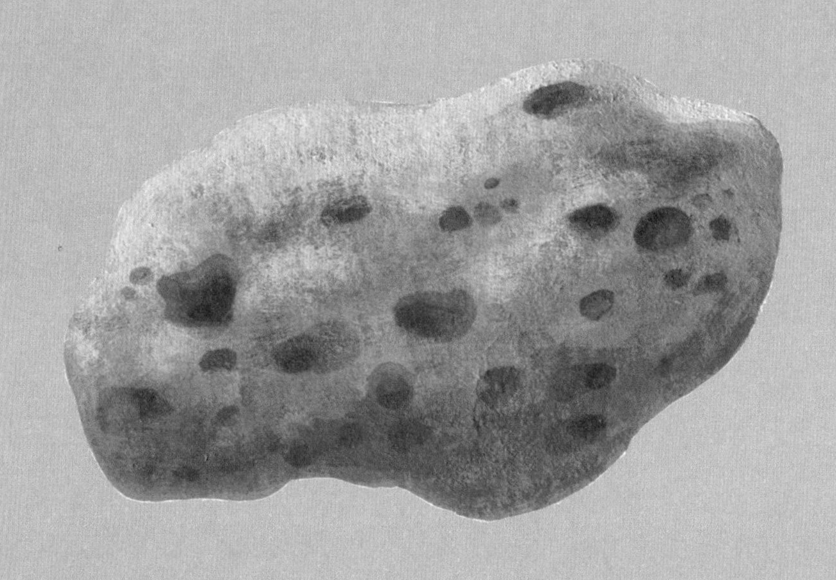

铁是使用范围最广的金属，它还可以制成合金，用来制造我们身边的许多物品，比如轮船、回形针、钉子、食品容器、洗衣机、暖气等。宇宙里的大部分物质中都不乏铁的身影，地核就是由铁、镍等元素构成的。铁主要可以从赤铁矿、磁铁矿、褐铁矿和铁燧岩等矿石中提取，中国、美国、加拿大、委内瑞拉、瑞典、印度等国家都拥有先进的冶铁技术。

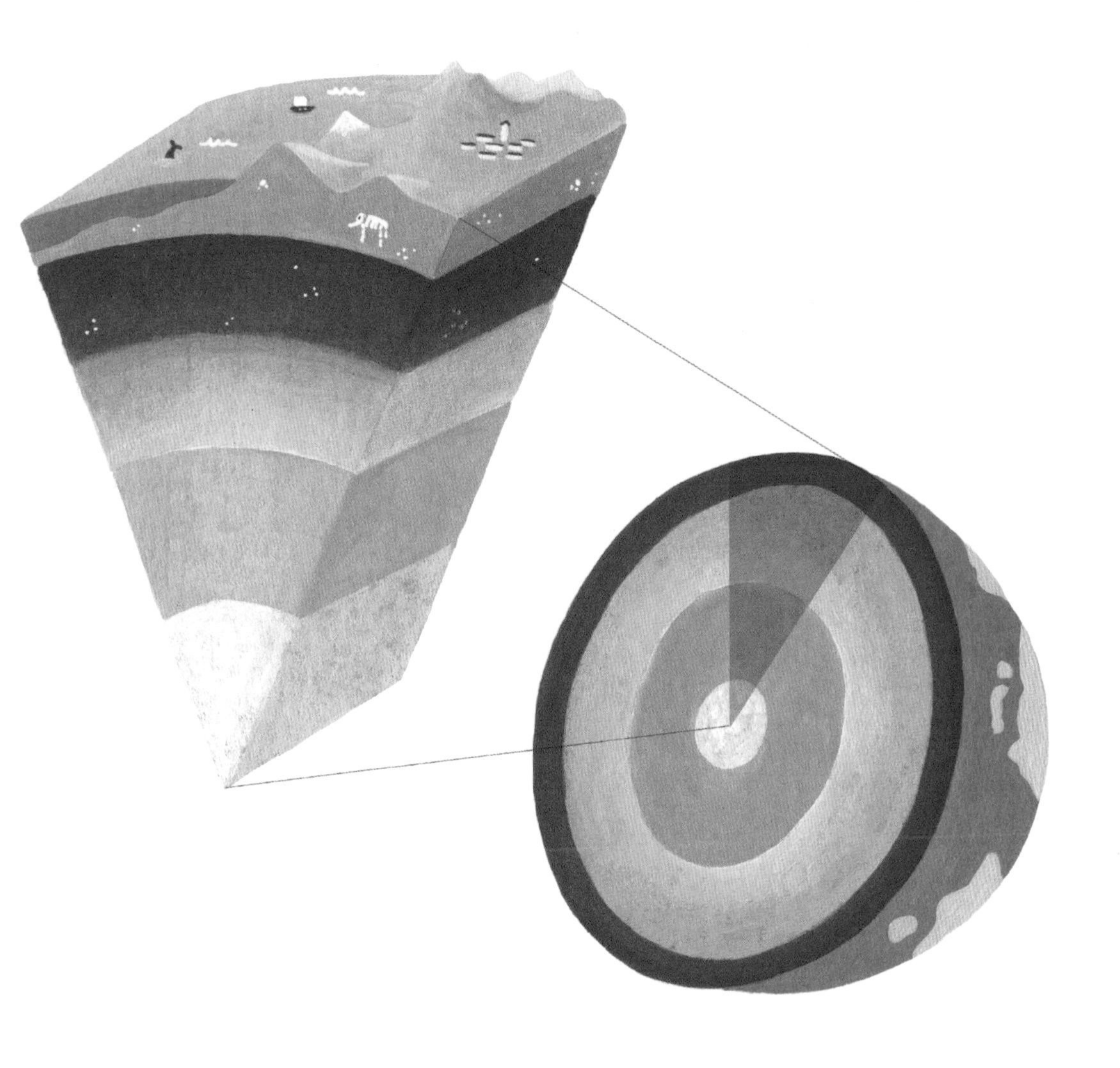

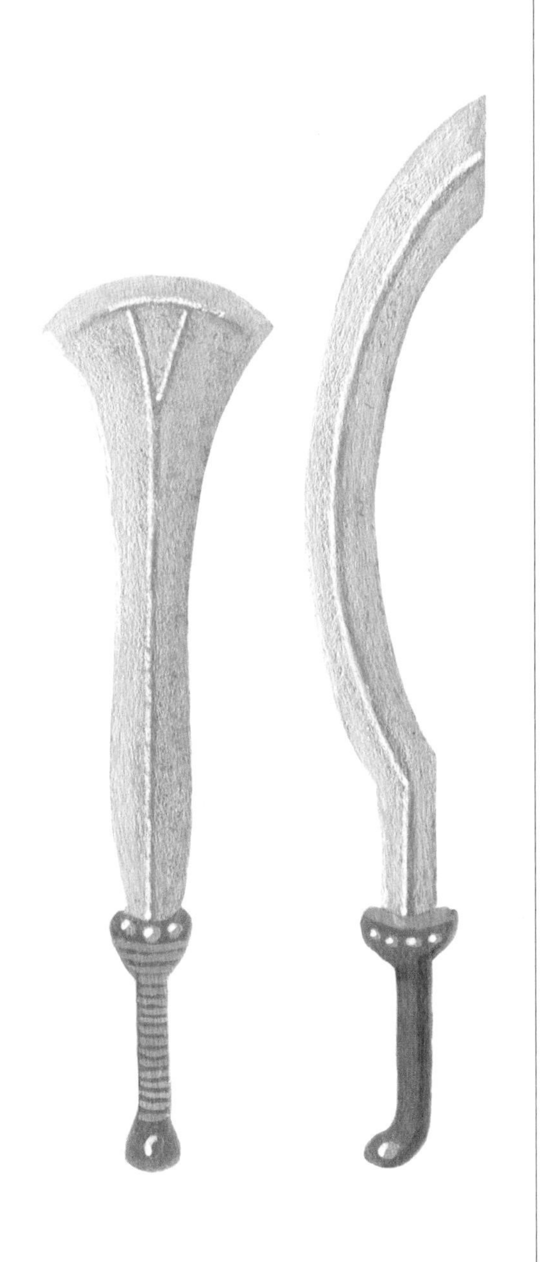

铁的冶炼

人类最初使用的铁是天然存在于陨石当中的铁，也就是那些从天而降的铁。天降陨石是一种充满神秘色彩的罕见现象，所以，铁在当时极为珍贵。对那时的人们来说，从矿石中提取铁并非易事，冶铁比冶铜需要的温度更高，因此，完成铁的冶炼需要丰富的背景知识与先进的冶炼技术。幸运的是，几千年的冶铜经验和生产技术的进步，为铁的大规模冶炼奠定了重要基础。公元前12 世纪前后，地中海沿岸地区、小亚细亚地区、美索不达米亚地区、南亚和东亚地区，以及非洲一些地区开始步入铁器时代，北欧地区则相对较晚，直到公元前 9 世纪到公元前 8 世纪期间，那里的冶铁技术才得到迅速发展。

赫梯人、亚述人和伊特鲁里亚人

赫梯人发明了一种特殊的铁器加工技术，包括加热、锻造、淬火（将铁浸入水中）等步骤。他们使用这项技术制造出来的武器比当时普遍使用的青铜武器更轻便、更耐用，这让他们在战斗中占据了极大的优势。

亚述人制造出了铁轮，这种车轮比当时广泛使用的木轮耐用得多。

诞生于意大利中部地区的伊特鲁里亚文明在铁器的加工和使用方面独树一帜。伊特鲁里亚地区和厄尔巴岛蕴藏着丰富的矿产，伊特鲁里亚人也因此成为优秀的工匠，他们从山区迁徙到海边生活，以便运输矿产和金属制品。他们建造了专门用来从事生产制造的车间，这可以说是西方的第一批重工业车间。

伊特鲁里亚人挖掘了井和隧道，用以开采地底的铁矿石。他们用来冶铁的熔炉有一人多高，是由石头和黏土制成的，上方和下方各有一个开口，这种熔炉的炉内温度可达 1500 多度，这在当时是一件非常不可思议的事情。伊特鲁里亚人会将矿石放置在熔炉内的特殊容器——坩埚中，并且将山顶的风引入熔炉，以此助长火势。他们会不断地从熔炉上方的开口处添加木炭，在下方的开口处利用风箱鼓入空气。慢慢地，矿石中的金属便会开始熔化，在将杂质分离出来后，他们就可以得到由铁和矿渣构成的海绵状物质——海绵铁。接下来，他们会用大锤锤打海绵铁，再将其重新放回熔炉，多次重复这一步骤。这个提炼的过程需要好几个小时的时间，经过反复锤打的海绵铁才能用来制造工具和器皿。

埃菲尔铁塔

1884 年，第十届世界博览会即将在巴黎举办之际，法国政府决定用一件宏伟的作品来向全世界展示法国工业的先进。此时，古斯塔夫 · 埃菲尔已经因制造自由女神像的骨架而声名鹊起，他打算与团队成员一起建造一座高约 300 米的铁塔。他的这项计划得到了许多人的支持和鼓励，但也有一些人对此提出了猛烈的抨击。在历经重重困难之后，铁塔建造项目于 1887 年正式启动，于 1889 年 3 月竣工，正好赶上了世界博览会的举办时间。数万名游客前往铁塔参观，那时，铁塔上的电梯还没有投入使用，但成百上千级台阶也不能阻挡人们的步伐。登上三层铁塔，便可以俯瞰整个巴黎的景色，这是人们之前难以想象的事情。巴黎从此拥有了当时世界上最高的建筑，即使是之前提出反对意见的人也不得不承认它的壮观。这座铁塔原本只是一个临时建筑，计划在建成 20 年后拆除，但如今，它仍然屹立在巴黎，成了当地的标志性建筑物。

埃菲尔铁塔的选材

埃菲尔铁塔是在钢材建筑时代到来之前的最后一座伟大的铁制建筑。当时，人们已经开始在建筑中使用钢材，但古斯塔夫 · 埃菲尔仍然决定使用铁来建造这座高塔，这其中有两个原因：其一，铁的成本较低，按照最初的设计方案，埃菲尔铁塔仅为一件临时作品，所以没有必要使用昂贵的材料；其二，当时，铁的生产技术更为成熟，使用铁来建造可以使塔的结构更加稳定，塔身的材料、喇叭形的底座以及镂空的结构都能够保护高塔在强风中屹立不倒。

铁与人体

铁是人体必需的微量元素，它可以与一种特殊的蛋白质结合，形成血红蛋白，通过血液将氧气从肺部输送到全身，是氧气输送过程中不可或缺的元素。如果人体内的铁含量较少，血红蛋白的数量就会减少，身体中所输送的氧气量也会相应减少，这种功能障碍叫作“贫血”，会使人出现乏力、注意力分散、头痛、脱发以及脸色苍白等症状。病情严重的患者可能会突然想吃冰块，甚至想吃纸或粉笔，如果出现这种情况，患者必须立即补充体内所缺乏的铁元素。为了自己的身体健康，我们需要通过每天的饮食摄入一定量的铁。

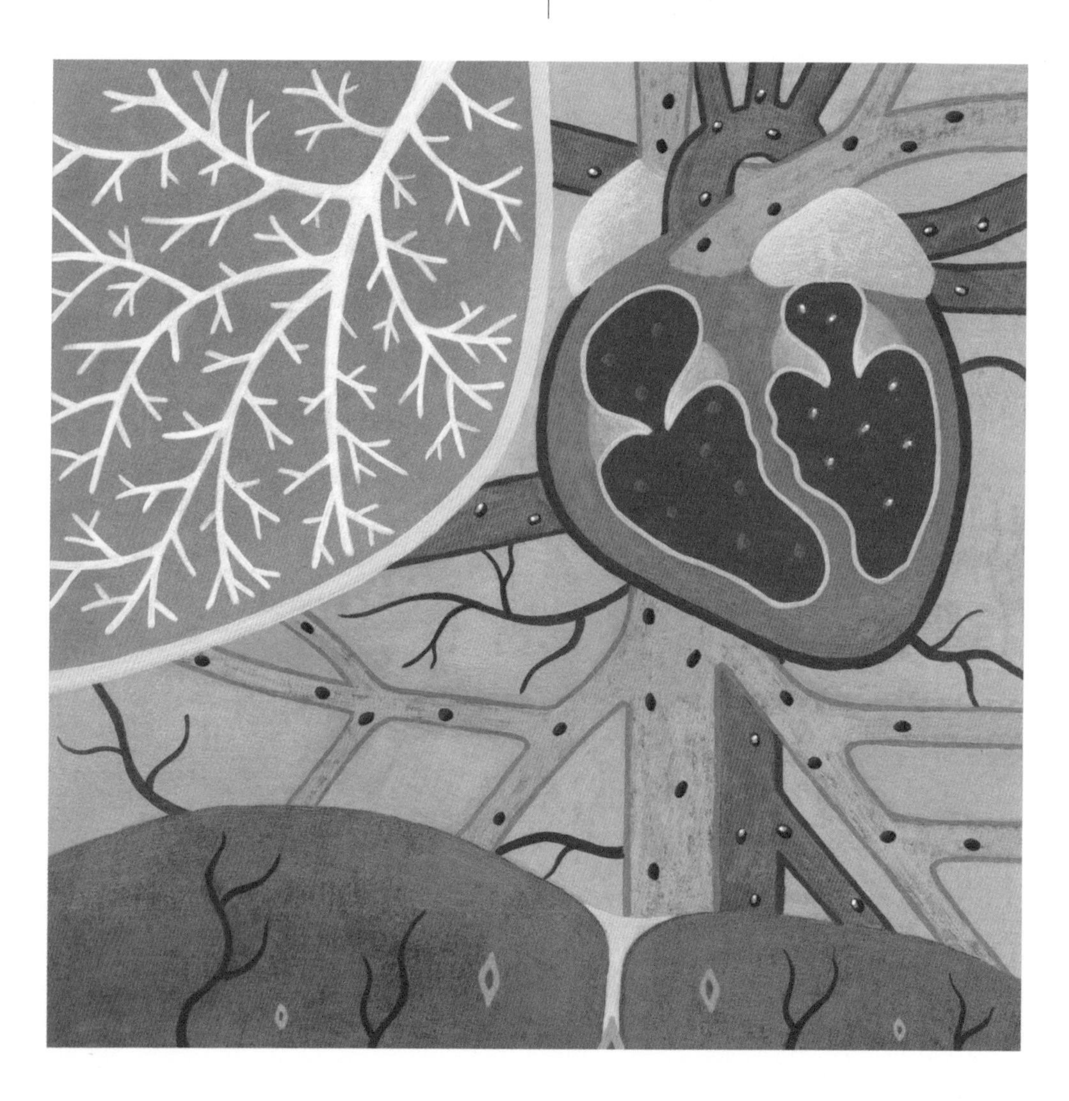

食物中的铁

铁含量较丰富的食物是肝脏、肉类和鱼类。谷物、干果、坚果，以及许多蔬菜中也含有大量的铁，例如四季豆、豌豆、扁豆、菠菜、甜菜叶、西蓝花、卷心菜等。此外，可可也是一种铁含量很高的食物。需要注意的是，植物铁的吸收率比动物铁的要低，因此，我们可以将含铁的蔬菜与富含维生素 C 的食物（如柠檬）一起食用，以促进铁的吸收。

金的元素符号是Au，原子序数是79，它是一种重而软的金属，具有很好的延展性。一直以来，金都因其绚烂的颜色和夺目的光彩而受到人们的追捧。我们可以在自然界中直接找到块状、粒状或片状的金。

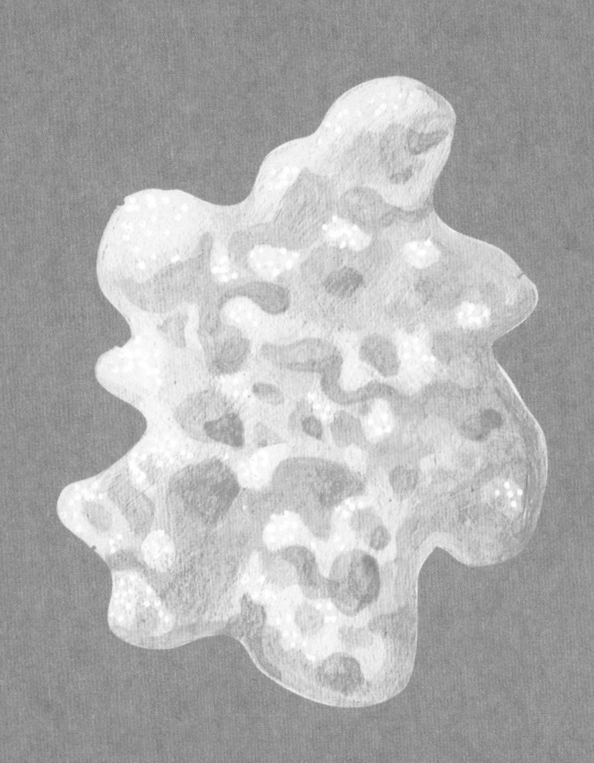

　　人类从史前时代起就知道金的存在，甚至在发现铜之前就开始了对金的加工，因为改变金的形状只需要相对较低的温度，然而，金过于柔软，无法用来制造常用的工具和器皿，更不用说用它来制造武器了。金有着梦幻般的颜色，散发着耀眼的光芒，人们一直将它视为一种珍贵而神奇的金属，把它与太阳和神灵联系在一起，赋予了它一种神圣的色彩，世界各地的人们都曾大量使用金来制作祭祀用品、装饰品和珠宝。

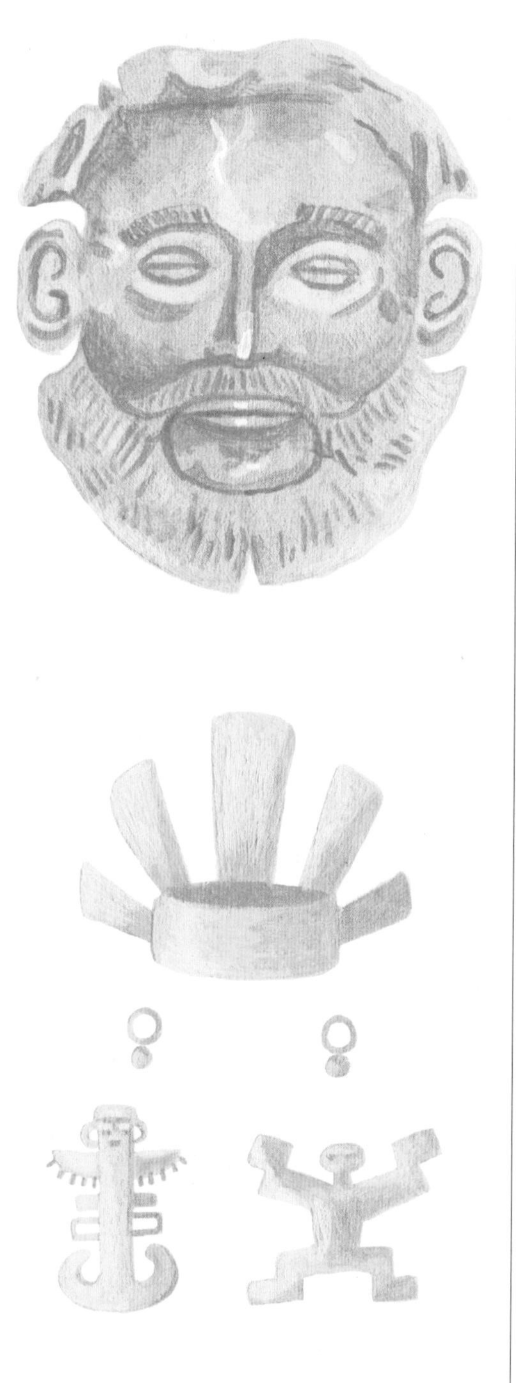

金能够彰显佩戴者的声望、权力和社会地位。后来，金更是被赋予了金融价值，成为可用于交易的货币。金不像铜、铁等金属那样在技术革命中发挥了重要的作用，但自史前时代以来，人们就一直渴望拥有黄金，甚至为此奋不顾身，争得头破血流。

黄金国神话和波哥大黄金博物馆

美洲的发现引发了欧洲人探索新

大陆的强烈动力和渴望。那些从美洲返回欧洲的人所讲述的关于土著居民及其财富的故事十分引人入胜，这片繁荣大陆上的神话滋生了欧洲人对其进行侵略与掠夺的罪恶欲望。1534年，弗朗西斯科·皮萨罗带着他的战利品——许多金锭和银锭返回了西班牙，这些都是他从印加统治者阿塔瓦尔帕那里得到的赎金。关于黄金国的传说，也就是关于那片河流中流淌着黄金的土地的传说，激发了欧洲人对财富的渴望，随后他们便开始对这片土地上所孕育出的千年文明进行侵略、掠夺和破坏。由于侵略者对权力的极度渴求，使他们无法意识到那些拥有千年历史的当地文化传统的价值和重要性，因此美洲人民使用黄金这种珍稀材料制作装饰物和与宗教仪式相关物品的加工技艺，绝大部分因为欧洲人的入侵而失传了。侵略者们把使用暴力夺来的珠宝和物品送到铸造厂里熔化，把它们变成铸锭以方便运输。

黄金博物馆于1939年在波哥大落成，这里收藏着世界上非常重

要的一些黄金制品。置身于它的五个展厅中，就如同沉浸在黄金的知识海洋中，参观者可以了解黄金的提炼和冶金技术的发展，观赏用金子制成的节庆和祭祀用品，从而进一步了解印第安时期的人们对黄金的使用情况和相关习俗。

克朗代克淘金热

19 世纪末，人们在位于美国阿拉斯加东边的加拿大城市克朗代克发现了一处重要的金矿，一场真正意义上的淘金热从此爆发，世界各地的冒险家纷纷拥入克朗代克。这些冒险家来自不同的社会阶层，其中不乏企业家、教师、医生、政府官员，甚至还有知名作家，例如《野性的呼唤》和《白牙》的作者杰克·伦敦，他们都带着对冒险的热情和对财富的渴求从世界各地来到克朗代克。后来，人们撰写了许多以“淘金热”为主题的图书，还拍摄了一些相关主题的电影，其中便包括由查理·卓别林自导自演的知名无声电影《淘金记》。

银

在元素周期表中，原子序数为 47 的化学元素是银，它的元素符号是 Ag。银的延展性与金不相上下，但比金稍硬。银的导电性和导热性很好，但因其价格昂贵，人们较少在相关领域使用它，而是多将它制成装饰品。银是一种带有光泽的白色金属，在自然界中有单质存在，但更常见于银矿石中。

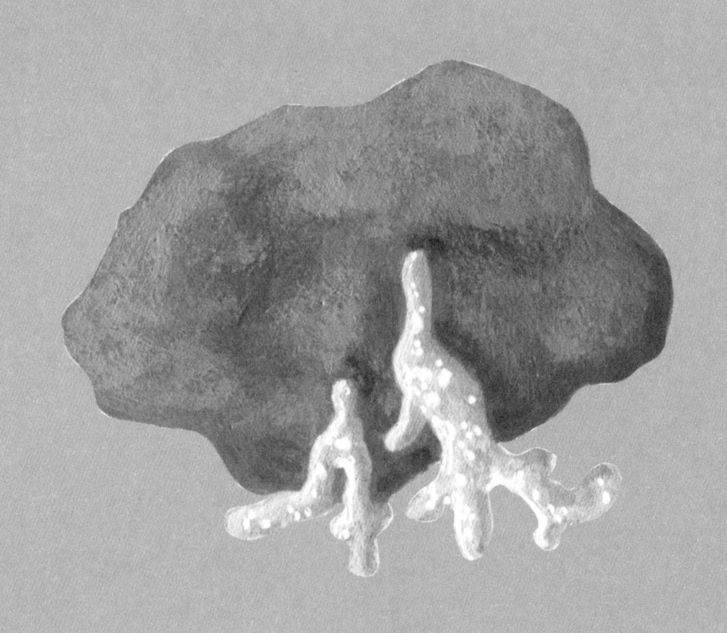

与金不同，在自然界中，银大多存在于含铅矿石中，我们可以想象以前的人们在熔化深色矿石时偶然发现闪闪发光的银会感到多么惊讶。后来，人们发明了一种名为“灰吹法”的特殊冶炼技术，开始能够轻松地将银与铅分离开来，从此，许多文明便开始大规模使用银。腓尼基人开采出了大量的银，他们用银填满船舱，甚至用银锚代替了铅锚。人类很可能从史前时代起就已经开始使用银，将其制成装饰品和祭祀用品。银带有美丽的银白色光泽，所以人们总是把它与月亮和女神联系在一起，许多艺术家和诗人都从中获得了大量的创作灵感。人们还会用银来制作各类餐具和器皿，古罗马贵族的餐桌上就已经出现大量的银器，如今，世界各地的家居店中仍然不乏银器的身影。银与空气接触后容易变黑，但我们可以通过抛光使其恢复光泽。

银盐具有光敏性，与光接触会变成黑色，因此可以用来制作摄影胶片。事实上，相纸和胶卷里都含有银盐，它们能通过感光来捕捉影像。

银的神话色彩

在西方神话和传说中，银能够杀死“狼人”和“吸血鬼”，人们会用这种贵金属制成刀或子弹来对付这些所谓的超自然生物。这种传说源于早在古希腊时代人们就已经发现的银的消毒功能。作为一种稳定耐用的金属，银也一直被用于制造货币。

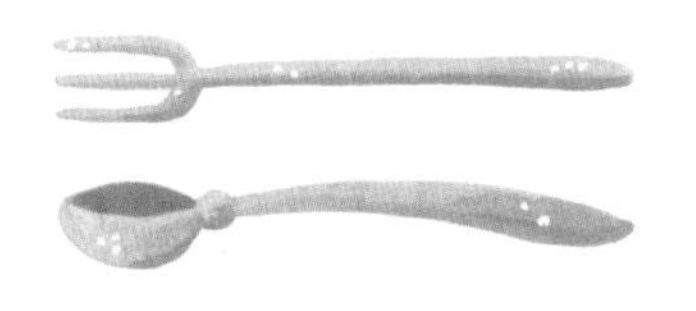

在古代，人们经常把银与汞联系在一起，不过，它们的共同点仅体现在颜色和光泽度上。汞是常温下唯一以液态形式存在的金属，具有流动性，因此一直被称作“水银”，西方人还会用“水银”一词来形容活泼好动的孩子。汞主要是从一种名为朱砂的矿物中提取的，古代中国、印度和埃及的人们都发现了朱砂的矿床。如今，人们已经渐渐不再用汞来制作温度计等物品，因为汞具有很强的毒性，如果不慎吸入、接触或摄入，就会导致中毒甚至死亡。刘易斯·卡罗尔在著作《爱丽丝梦游仙境》中创造了疯帽匠的形象，这个人物的灵感正是源于 19 世纪初的帽匠中毒事件。那时的工匠经常使用汞对制作帽子所用的皮毛进行处理，由于长期接触这种金属，工匠们出现了失眠、痴呆、颤抖和发狂等症状。

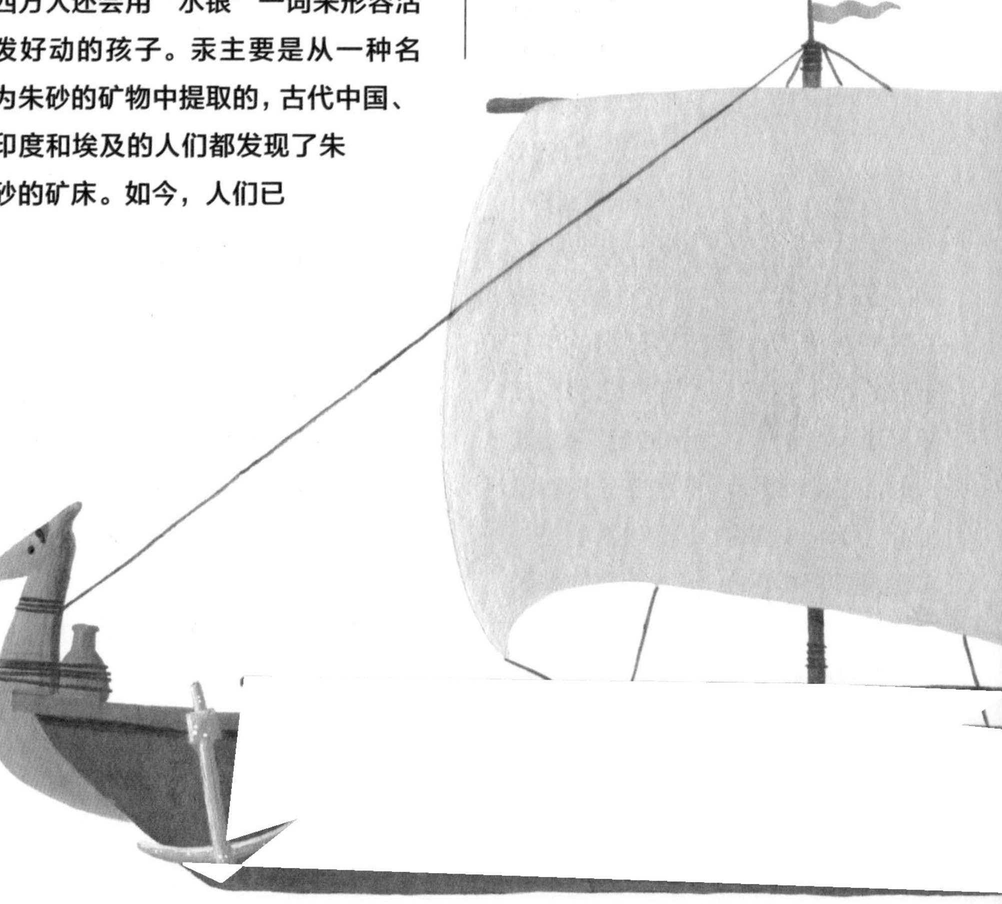

S*MARCUS VENETUS
ONE POUND
AVGVSTVS
太
平

钨

钨是一种颜色介于白色与钢灰色之间的带有光泽的金属，元素符号是 W，原子序数是 74。钨的硬度高、密度大，所以一小块钨就会让人感觉出奇的重。钨可以用来制造白炽灯，许多人正是因此而认识了这种金属。

钨主要应用于工业领域，但它为人们所熟知是因为具备点亮世界的能力。1879 年，爱迪生发明了使用碳化纤维作为灯丝的白炽灯，并申请了专利。随着科学技术的不断发展，科学家们进行了大量实验，最终认定钨是最适合用来制作灯丝的材料，因为它是所有金属中熔点最高的。20 世纪初，威廉 · 库利吉在玻璃灯泡内放入了钨丝，制造出了更加耐用的灯泡。我们可以透过白炽灯泡的玻璃观察到灯泡内卷曲的钨丝在电流穿过时被加热到 2000 多度，进入白炽状态，从而发光。

在使用过程中，灯泡内的钨丝会开始升华，从固态转变为气态，随着时间的推移逐渐变细，直至彻底断裂，因此，以前的人们需要经常观察灯泡中的钨丝，这样才能知道什么时候需要更换灯泡，这已经成了一个代代相传的习惯行为。如今，白炽灯已经逐渐退出人们的生活，取而代之的是使用新技术生产出来的 LED 灯。

图上英文“HOTEL”意为“酒店”；“SUBWAY”意为“地铁”。——编者注

铝

铝的元素符号为 Al，原子序数为 13，是一种轻而软的银灰色金属，导电性和导热性良好，耐腐蚀性强。

铝在地球上的储量极为丰富，主要存在于一种叫作铝土矿的矿石中。从这种矿石中提取铝非常复杂，直到近200年前，人们才发现了可以以较低成本提取铝的方法，开始大规模使用铝，在此之前，人们一直将它视为一种十分贵重的金属。如今，铝的用途相当广泛，它具有很好的延展性，能够被加工成薄片。人们还会将铝与许多其他元素结合在一起，制成铝合金，应用于各种不同的领域，例如制造飞机零件和包裹食物的锡箔纸。

人们用铝制造了发动机、厨房用具、电器、包装材料、易拉罐，还有门窗、汽车轮毂、装饰物等各类物品。铝的重量较轻，所以人们还会用它来生产自行车、火车和许多其他交通工具，这样可以提高它们的运行速度。

在与其他元素结合之后，铝的物理特性会发生巨大变化，例如，与氧结合能够使铝的硬度得到大幅提升，形成刚玉，宝石级刚玉即为红宝石或蓝宝石，其硬度仅次于钻石。

当今世界上铝产量最大的国家是中国。

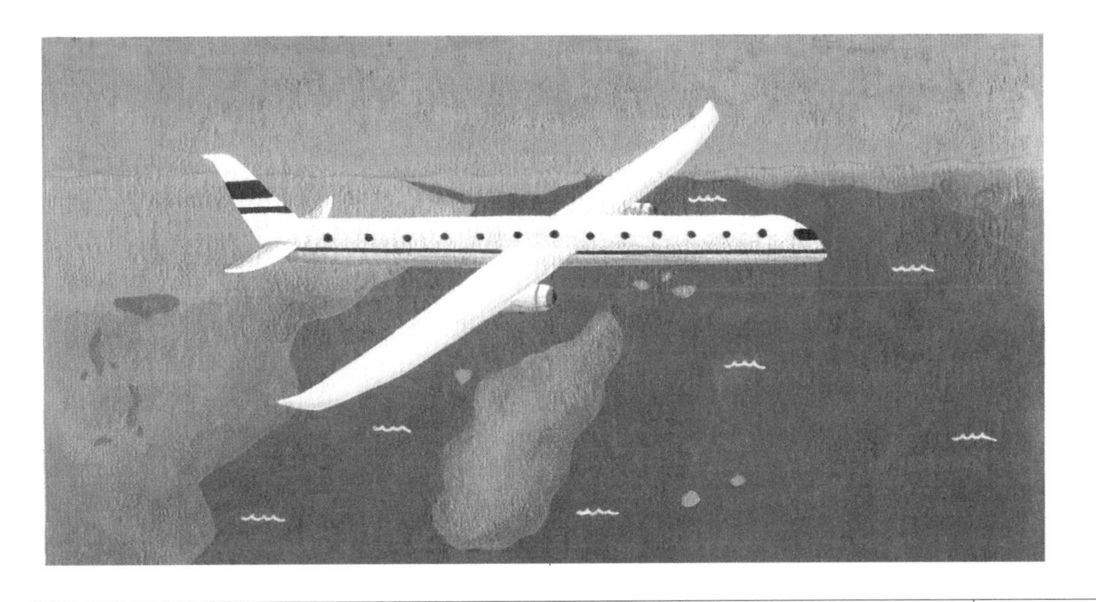

钢

钢无疑是当今时代最重要的合金之一。公元前 12 世纪，钢和铸铁这两种铁碳合金就已经开始在印度、小亚细亚地区和高加索地区出现。钢呈亮灰色，延展性好，又十分坚硬，人们会通过熔炼铁来获得钢。钢中含有少量的碳，主要来源于熔炼铁时所使用的木柴或煤炭。

在大型炼钢厂中，人们会将铁放到坩埚中，炼出含碳量不同的钢材。一般来说，含碳量越低，钢材就越软，价格就越低；含碳量越高，钢材就越硬。人们还会将钢与其他金属结合来改善它的性能，以便将它应用于不同领域，比如将钢与铬结合，制成不易被腐蚀的合金不锈钢。自20世纪初问世之后，不锈钢便被广泛应用于工业、餐饮等许多领域，如今，我们使用的许多餐具都是由不锈钢制成的。过去，钢的加工和广泛使用推动了工业革命的进程；今天，钢仍然在人们的生活中扮演着不可或缺的角色。

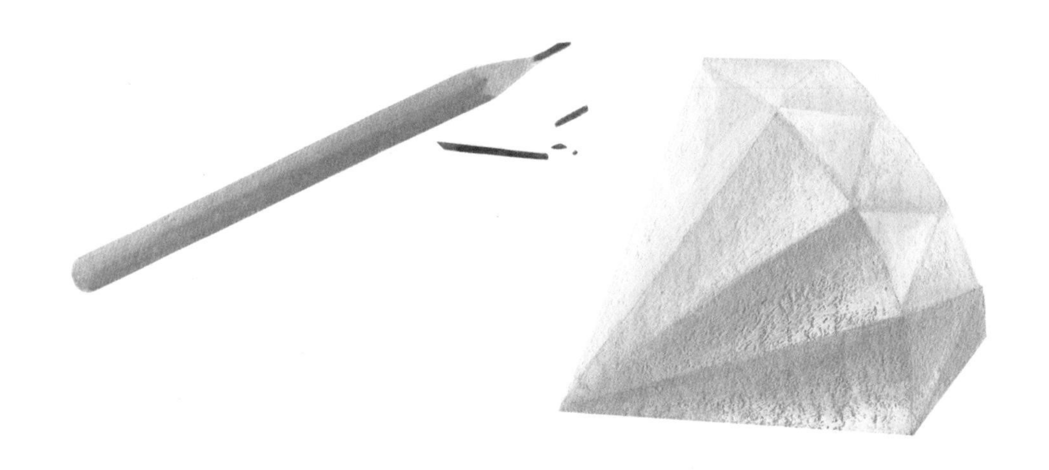

铸铁和碳

如果钢中的碳含量超过 2.1%，它就成了另外一种在人类历史上扮演着重要角色的合金——铸铁。最初，人们认为铸铁是钢的副产品，所以把它称作“废铁”，这种误解存在了很长一段时间，但是在发现了铸铁的特性之后，人们便开始将它广泛用于生产和生活当中。铸铁很容易铸造，将它浇注到模具中可以制造出非常精美的装饰物，这就是为什么它常常会出现在新艺术风格的作品当中。

铸铁的碳含量较高，所以耐腐蚀性较强，比热容较大，也就是说，它的温度变化较小，因此，它曾是人们制造炉灶、壁炉和暖气的首选材料。

什么是碳

碳是元素周期表中的一种化学元素，原子序数是 6，但它不是金属。它能够与许多元素结合，形成成千上万种不同的化合物，这些化合物构成了地球上所有生命的基础，同时大量存在于宇宙当中。碳有多种同素异形体，其中最软的是石墨（制造铅笔芯的材料），最硬的则是钻石。

当代艺术设计中的铝和钢

20 世纪，广泛应用于工业领域的金属和合金在艺术领域大放异彩，艺术家们被铝和钢的独特光泽吸引，想要将它们运用在自己的作品当中。1963 年，建筑师埃罗·沙里宁在美

国密苏里州城市圣路易斯建造了一座高达192米的拱门，建成后，这座拱门便成了这座城市的标志。自20世纪90年代起，印度裔英国雕塑家、建筑师安尼施·卡普尔一直致力于用抛光钢材来打造大型雕塑作品，让天空和城市倒映在大面积的钢材表面之上。他的代表作之一《到达》现藏于意大利博洛尼亚MAST基金会[1]。

铝和钢在当代家居设计领域中也扮演着重要的角色。菲利普·斯塔克于20世纪90年代设计出了名为“外星人”的铝制榨汁器。这款形似一只长腿蜘蛛的榨汁器饱受争议，一些人批评它没有什么实际用处，可是，它一经问世便大受欢迎，许多人都把它当作一件极具标志性

1．“MAST”意为“艺术品、实验产品及电子技术产品的制造”。——译者注

的雕塑作品摆放在客厅的架子上，而不会把它拿到厨房用来榨汁。如今，这件作品已经被纽约现代艺术博物馆和巴黎乔治·蓬皮杜国家艺术文化中心收藏。

在咖啡爱好者的眼中，意大利摩卡壶也是一件标志性的金属设计作品，它诞生于 1933 年，出自天才设计师阿方索·比乐蒂之手。摩卡壶凭借其独特的装饰派艺术风格，成了世界上最著名的咖啡壶之一。20 世纪 50 年代，意大利著名动画师、漫画家保罗·坎帕尼还专为摩卡壶设计了一个留着胡子的小人的卡通形象，用作其品牌标志。1953 年，由知名设计师夫妇查尔斯·伊姆斯和雷·伊姆斯设计的彩色衣帽架“随意挂”诞生了。衣帽架的网状框架以钢材制成，挂钩则是上面的一个个彩色木球，这款标志性产品成为后续许多设计的灵感之源。

钽

钽是一种从钽铁矿、铌铁矿及其复合矿物铌钽铁矿中提取出来的金属。钽的元素符号是 Ta，原子序数是 73，它是一种超导金属，耐高温，耐酸腐蚀，能够储存大量电荷。

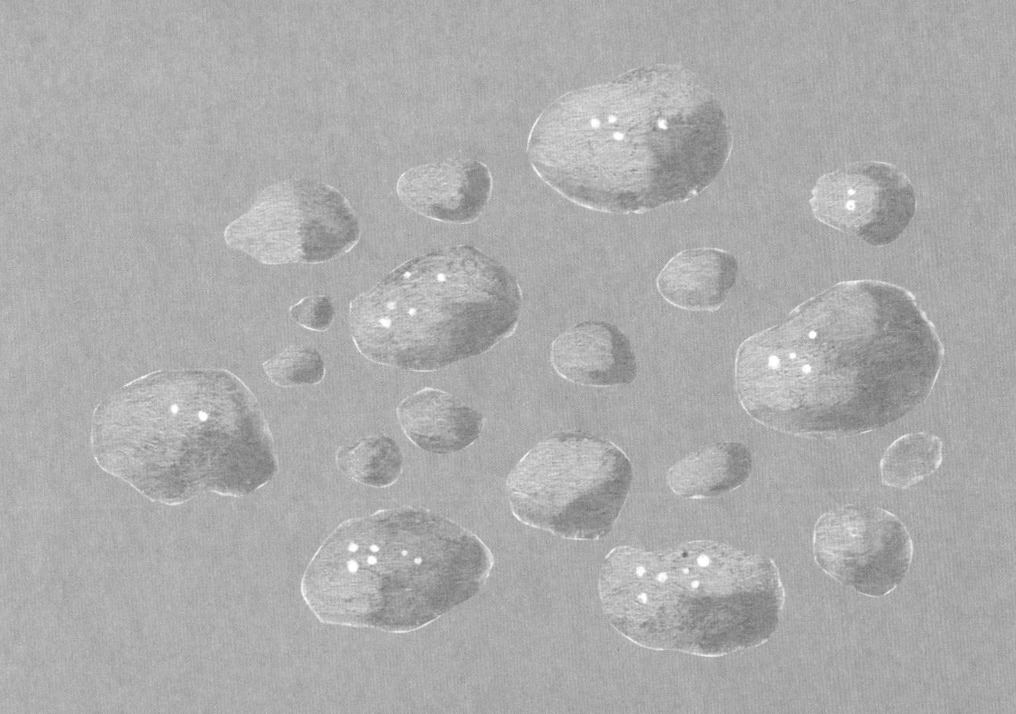

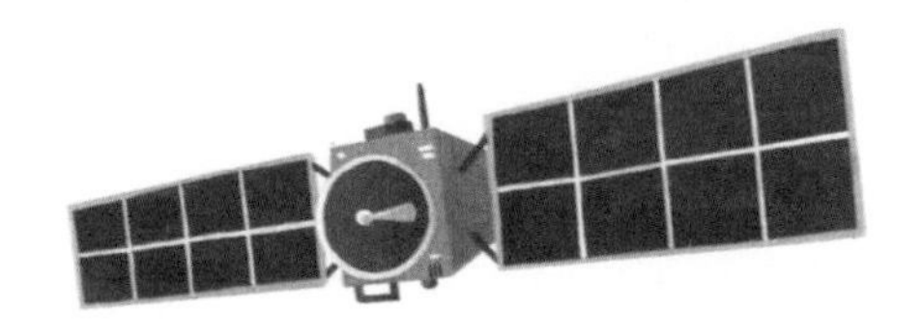

如今，钽已经成为一种与石油一样珍贵的原材料，在电容器、微芯片、手机、电子游戏机、全球定位系统、卫星和导弹的生产制造中不可或缺，同时广泛应用于骨科和外科手术。20年来，人们多从非洲的铌钽铁矿中提取钽，但对当地的生态环境——特别是刚果森林——造成了严重破坏。如今，人们也会在澳大利亚和委内瑞拉的大型矿床中开采铌钽铁矿。

今日的矿山

当我们想到矿山时，脑海中可能会浮现出这样的画面：很久很久以前，在一个距离我们非常遥远的地方，人们终日寻找并挖掘着宝石和贵金属。

事实上，直到今天，一些非洲国家的大人与孩子们所生存的环境，都与童话和神话里描述的世界相去甚远。为了寻找黄金，他们的双腿依旧需要泡在厚厚的泥土以及各种有害物质中。寻找黄金是相当困难的，而且非常危险，为了将它与杂质分离，有时要用汞和氰化物来洗涤，在没有任何保护措施的情况下，这种操作对人类和环境的危害是相当大的。

对贵金属的狂热也表现在寻找钽和钴上，它们是制造手机和电动汽车充电电池的必要材料。为了获得这些矿物，许多人不得不进入深邃的矿井，那里环境恶劣，不少矿工最终会被矿山掩埋并且被遗忘。

钴

钴在元素周期表中的位置介于铁和镍之间，它的元素符号为 Co，原子序数是 27。钴呈银白色，质地坚硬，具有铁磁性，可以被磁化。钴有许多不同的应用领域，通常用来制造合金，同时也是制造锂电池的重要原料。

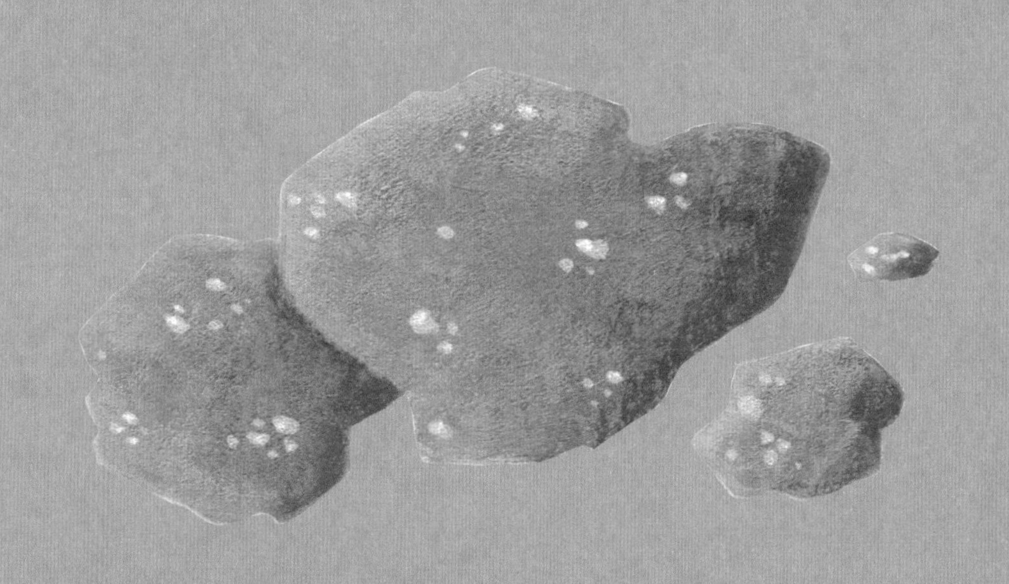

钴在电动汽车革命中扮演着重要的角色，被广泛用于电动汽车锂电池的制造当中，我们日常所用的充电电池里也不乏钴的身影。钴主要出产于非洲国家，例如赞比亚，此外，人们还在俄罗斯发现了新的矿床。

钴自古以来就为人们所知，因为钴化合物可以用作深蓝色颜料，用于制作彩色玻璃。钴还是维生素 B_{12} 的基本成分，对人体的正常运转起着重要作用，能够促进代谢和大脑神经元的发育、修复。钴在特定的形态下具有放射性，因此还可以用来治疗某些疾病。

尽管电动汽车在全球污染治理方面取得了进步，带来了贡献，对地球来说是一件好事，但钴矿矿工的生活条件仍让人难以接受。一些世界组织开展了一些帮助人们了解矿工处境的活动，并尝试着改善他们的工作条件。幸运的是，一些企业承诺只从合法矿山购买钴，这样，矿山工人的权利才能够得到基本的保障。

锂

锂是元素周期表中最轻的金属，它的元素符号为 Li，原子序数是 3。锂呈银色，与空气和水接触后容易氧化，是一种优良的电导体，在自然界中不以单质的形式存在。

锂离子充电电池的发明推动了全球通信产业的迅速发展。

锂主要产自盐湖，阿根廷、智利、玻利维亚、中国、阿富汗等国的锂储量都十分丰富。从盐湖中提取锂时，人们会将水引入大型蒸发池，加入化学物质后待其蒸发。如果操作不当，锂的提取会对地下水和空气造成污染，生活在锂矿附近的人容易出现发抖、记忆力减退等症状，严重者甚至可能昏迷或死亡。锂也可以用于医学领域，一定剂量的锂能够治疗躁郁症。

稀土

稀土是 17 种化学元素的统称，这 17 种金属虽然颜色不尽相同，但都具有铁磁性和导电性，在地壳中的分布相对分散。我们日常使用的大部分科技产品中都含有稀土，此外，它们也是制造电动汽车、火箭和军事设备必不可少的材料。

令人着迷的稀土

稀土到底是指哪些金属元素呢？人们又将这些元素应用在了哪些领域呢？

稀土不是土，而是金属；稀土也并不稀有，而是广泛分布于地壳当中。那么，人们为什么要用“稀土”二字来称呼这些元素呢？答案很简单：虽然这些元素几乎无处不在，但人们只开采出了很少的一部分，而且它们的提取过程非常复杂，成本非常高昂。我们在花园中随手抓起一小把泥土，这里面都可能含有少量稀土，但富集稀土的大规模矿区很难找到，仅有中国、美国、印度、马来西亚和俄罗斯等少数几个国家具备开采能力。中国的稀土储备量最为丰富，稀土产量也最大，最高曾占到全球产量的 97%。

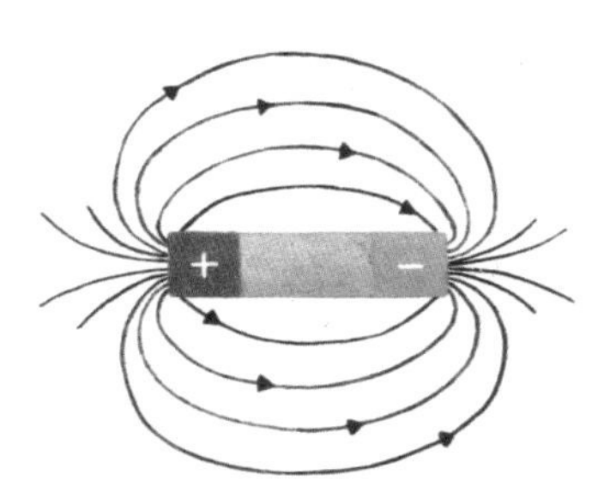

1787 年，化学家卡尔·阿克塞尔·阿伦尼乌斯在瑞典伊特比村发现了一种黑色矿物，这是人们发现的第一种稀土矿物，其中含有元素钇。直到 20 世纪，人们才将 17 种稀土元素——镧、铈、镨、钕、钷、钐、铕、钆、铽、镝、钬、铒、铥、镱、镥、钇、钪全部分离出来。

钇和钪以外的 15 种元素统称为镧系元素。“镧”这个名称来自古希腊语，原意是“隐藏”，镧系元素的一个重要特征就是通常隐藏于矿石之中。这些元素的化学性质非常相似，所以将它们提取出来并非易事，需要使用强酸和有毒物质。1839 年，瑞典化学家卡尔·古斯塔夫·莫桑德发现了镧。镧是一种银白色金属，极易氧化，延展性好，质地较软，可以用刀切开。镧可以用来制造镜子、玻璃、电视等家用电器和电子设备，可以应用于电影放映和演播室照明，还能用作石油催化剂。镧具有毒性，会造成环境污染，

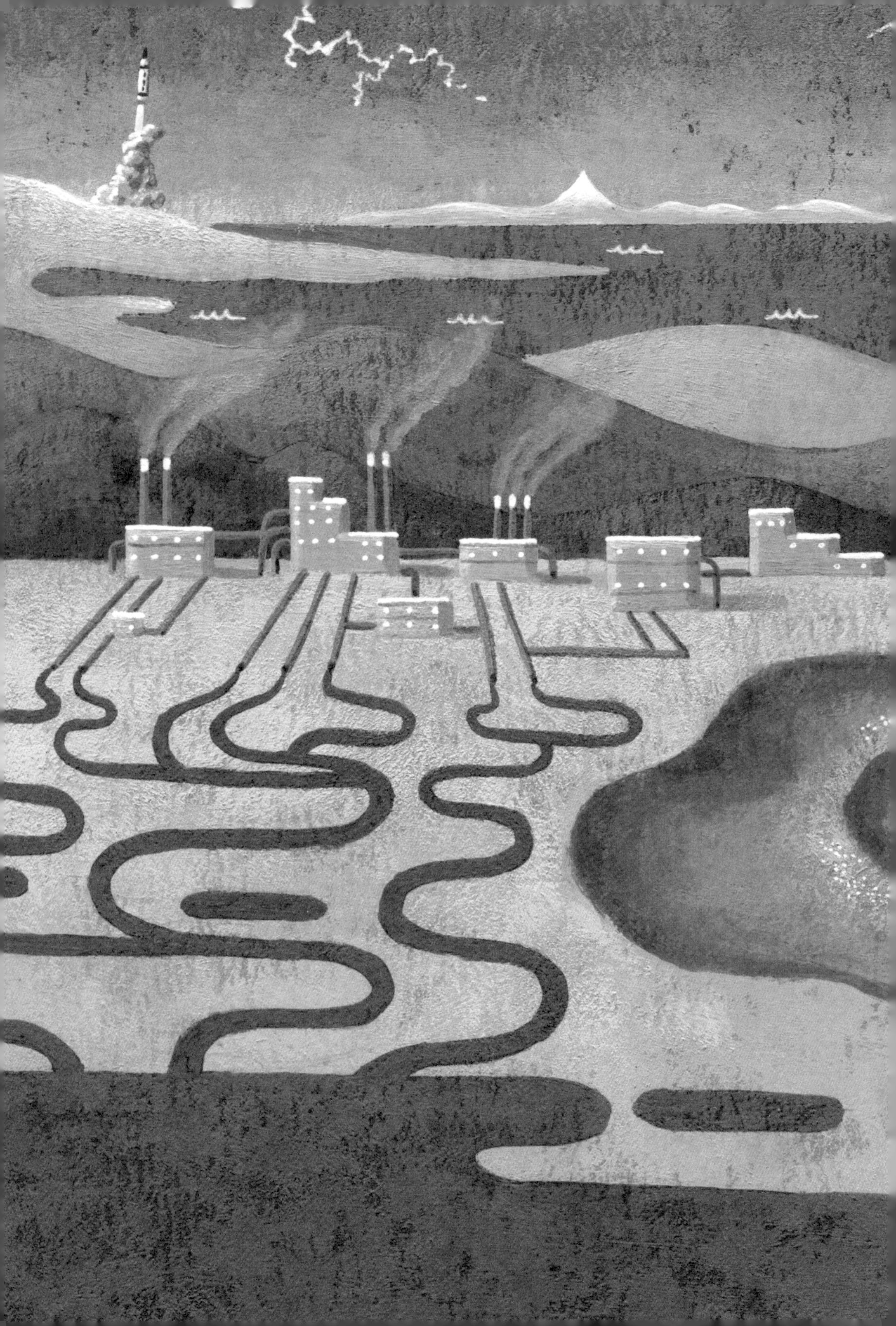

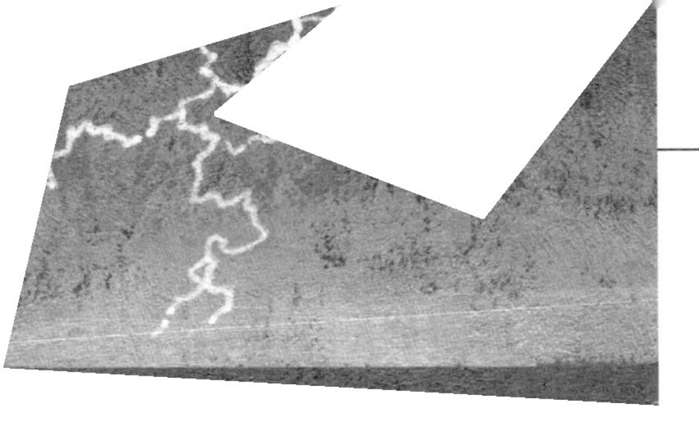

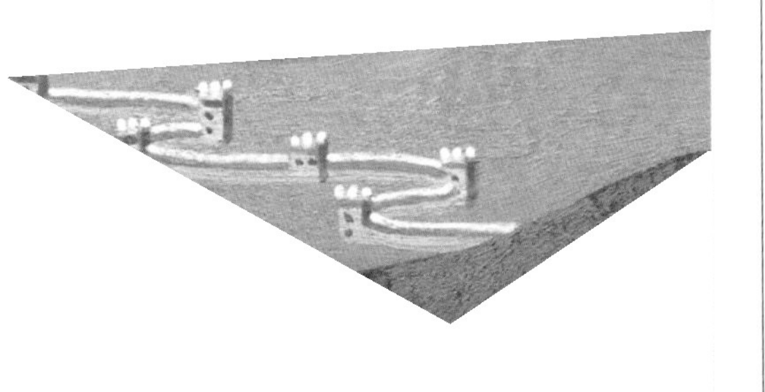

有毒物质如果被排放到水中就可能会破坏鱼类的细胞膜，影响它们的繁殖活动。

钕具有特殊的磁性，所以人们常用它来制造耳机、麦克风和扬声器，这类产品在音质方面的表现十分出色。

钇、铕和铒的氧化物可用于制造电视屏幕，此外，欧元纸币上使用的特殊防伪油墨中也含有铕。

铈的氧化物可用于挡风玻璃、后视镜等部件的抛光。

钆对温度变化较为敏感，因此在温度传感方面具有潜在的应用价值。

钷最开始是一种人工合成元素，后来，人们在自然界中也发现了少量的钷。它具有一定的放射性，因此可以用来生产夜光涂料。

稀土元素的一大共同特征是具有铁磁性，因此，它们在风力涡轮机等可再生能源设备的制造中必不可少，然而，尽管它们被广泛应用于环保领域，但提取的过程会产生大量有毒废物，对环境造成严重污染，这也是人类需要为谋求技术发展付出的代价。

矿石

钙钛矿（钛）

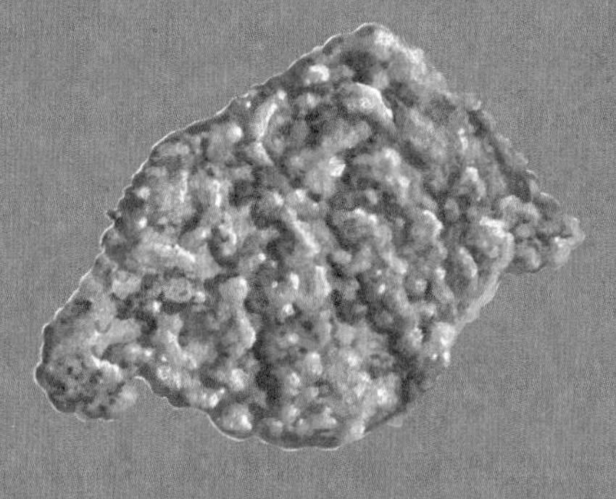

水钴矿（钴）

赤铁矿（铁）

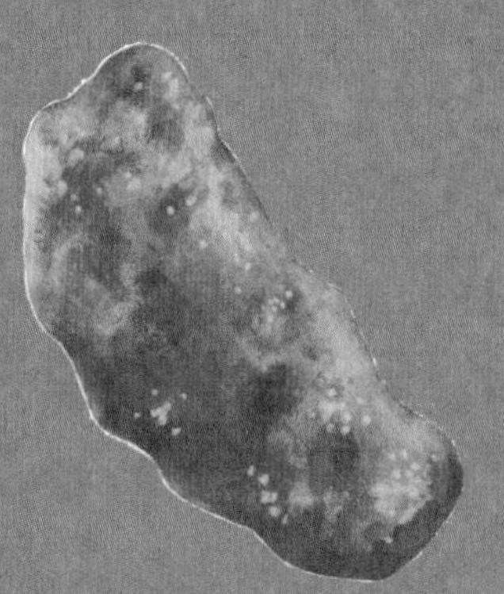

磷钇矿（稀土）

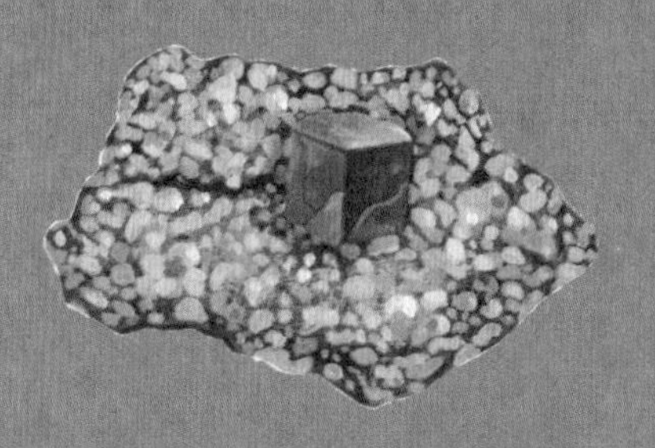

氟碳铈矿（铈）

黑钨矿（钨）

在自然界中，大多数金属都蕴藏在矿石中。为了寻找这些贮藏在地壳中的美丽矿石，人们开始挖掘隧道，建立大型矿场。

锡石（锡）

闪锌矿（锌）

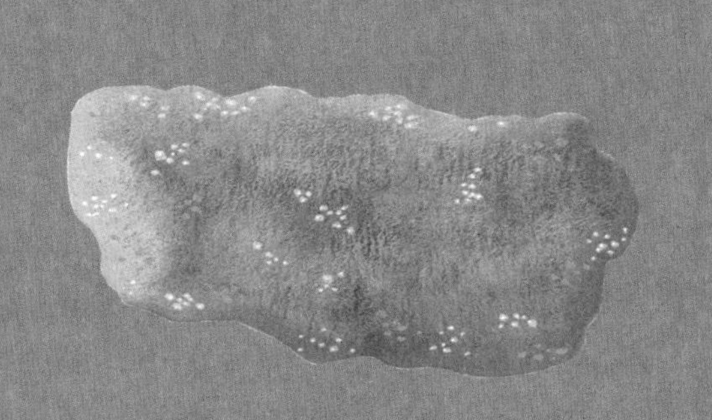

斑铜矿（铜）

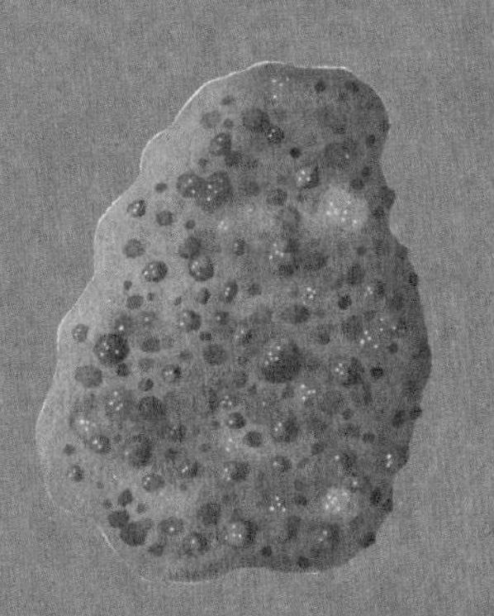

铝土矿（铝）

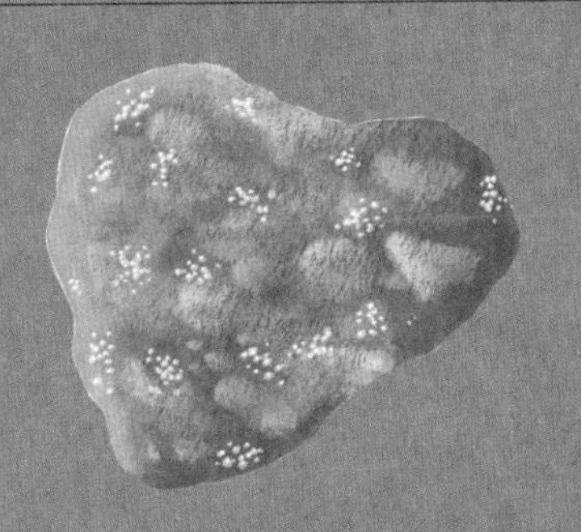

方铅矿（铅）

砷铂矿（铂）

危险的工作

对金属和冶金学越了解，就越明白这种十分古老的人类活动是极为艰辛的，不仅仅是因为金属的硬度都较高，更是因为不管是在矿山的开采阶段还是在工厂的加工阶段，都具有危险性。在过去的五十年里，世界上发生了很多起相关事故，导致许多人身受重伤甚至死亡。

是什么让金属加工厂具有如此大的危险性呢？这里有点像赫菲斯托斯锻造武器的火山熔炉，熔化金属需要非常高的温度，工作环境十分恶劣。金属是坚硬的，对它们的加工是一种十分艰苦的工作。

工人们必须做好一系列防护措施，以确保自身安全。但他们的工作十分繁重，人在紧张的节奏、震耳欲聋的噪声和难以忍受的高温下，很容易因失误而受伤。有的工厂为了获得更大的产量和利润，忽略了对设备的定期检查和维护更新，为生产埋下了安全隐患。不幸的是，这样的情况几乎发生在工业生产的每一个领域，因为总是有人优先考虑经济效益，而不是个人健康。

钢铁加工厂里发生的事故是具有毁灭性的：熔炉中的钢铁水喷溅导致工人被数千度的熔浆烫伤；煤气管道破裂导致工人被烧伤；工厂中的放射性铝中毒：有些工厂会回收来自危险地区的废料，例如来自切尔诺贝利的核污染金属废料。

事实上，自 1986 年乌克兰切尔诺贝利核电站的四号反应堆发生爆炸以来，核电站周边地区已被封锁，禁止入内。那里就像是一个大型垃圾填埋场，核事故发生后，所有的东西都被保留了下来。数千吨金属被废弃，随后被洗劫一空，以低价转售。如今，切尔诺贝利四号反应堆和成吨的放射性废物都被封闭在一个钢和混凝土制成的石棺之中。这座名为“新安全封闭”的结构比自由女神像还高，是人类有史以来建造的最大的移动钢结构：

它能够将人类暂时从放射性物质的危险中拯救出来，以便让子孙后代有时间找到更好的解决办法。

科学和技术的进步使得金属的提取和加工水平不断提高，为我们今天的生活带来了许多便利，但我们绝不能忘记，这些加工过程需要付出非常高昂的环境和人力成本，会引发许多事故，对人和自然造成严重损害。

我们需要找到充分尊重工人和民众权利的办法；找到在开发利用金属的同时，兼顾环境保护的办法——这是我们继续使用金属并与地球和谐相处的唯一途径。

词汇表

同素异形体：

可以不同形式存在的元素。

原子：

化学反应中的最小粒子，由中心的原子核和外围电子组成。

电子：

带负电荷的粒子。

质子：

带正电荷的粒子，存在于原子核中。

中子：

不带电荷的粒子，存在于原子核中。

细菌：

单细胞生物，微生物中的重要成员，能够快速繁殖。

地壳：

地球固体圈层的最外层，几千米至几十千米厚，地壳的下面是地幔和地核。

锻造：

通过加热和敲打等方式加工金属的过程。

合金：

一种金属与另一种或几种金属或非金属组合而成的产物。

冶金学：

研究从矿石中提取金属，以及金属加工技术的一门科学。

矿物：

固体，组成岩石和矿石的基本单元。目前，人们在地球上发现的矿物已经超过 5000 种。

氧化：

物质与氧气接触后发生反应，如铁生锈。

银盐：

阳离子为银离子的盐类的总称，它们具有光敏特性，即暴露在光线下时会改变颜色。

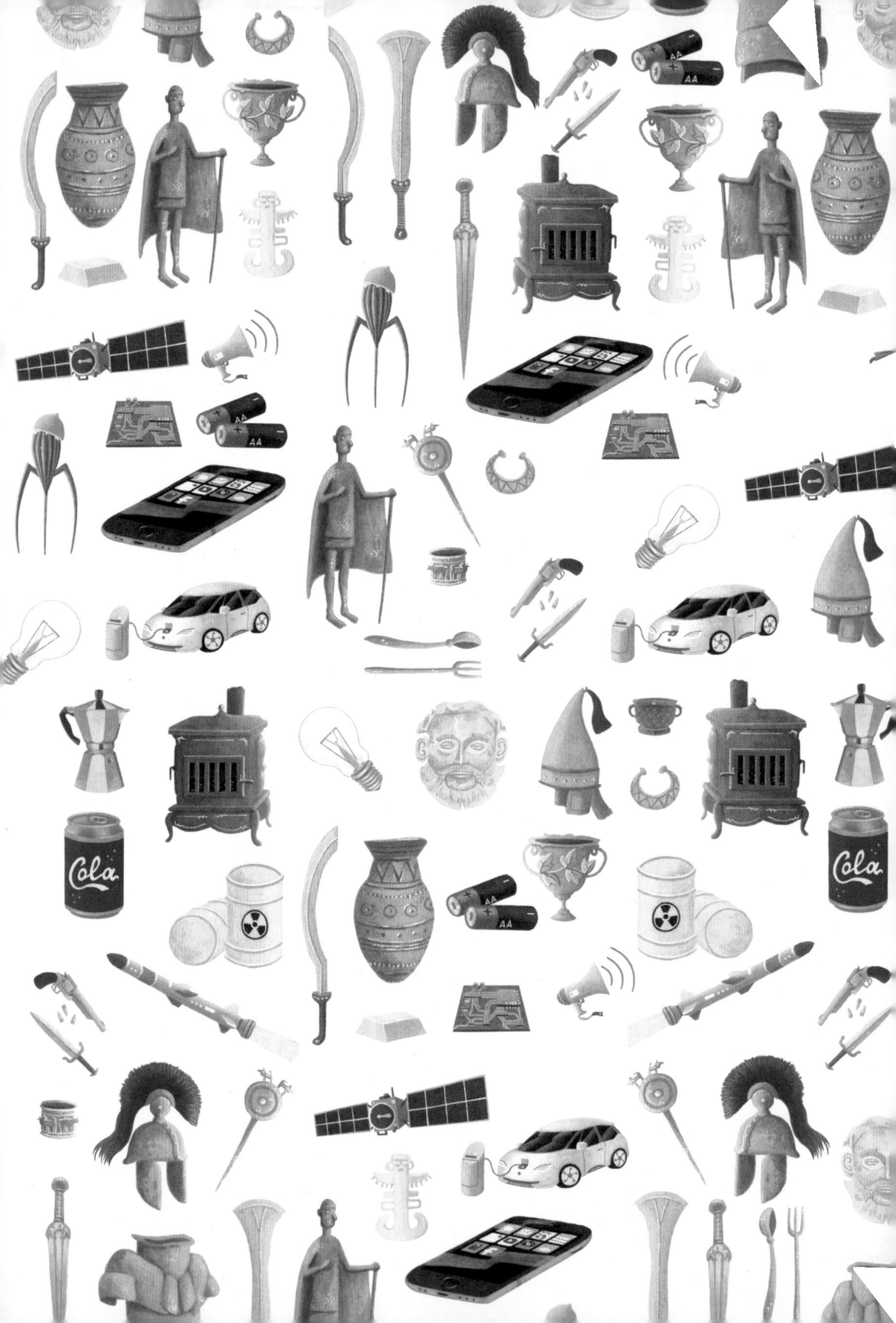
AA
Cola